普通高等教育“十二五 …… ）

# 室内环境监测

主　编　王雪平　李玉静
副主编　朱慧斌　李华北

中国水利水电出版社
www.waterpub.com.cn

# 内 容 提 要

本书根据高职高专院校环境类专业的教学要求和高职高专室内环境监测教学大纲的要求，并按照国家颁布的新规范、新标准编写而成，是全国水利水电高职院校首选教材。

全书共分四章，介绍了室内环境现状，室内污染物检测技术，室内主要污染物的分析测试方法，新装修房屋装饰材料中有害物质的测定。本书针对高职院校的特色，避免大量理论问题的分析和讨论，增加了可操作性和实践性，为学生今后的职业生涯打下坚实的基础。

本书内容简明，重点突出，实用性强，既可作为高职高专环境类、建筑类专业教材，也可作为社会职业技术教育、职业培训的教材，还可作为环境监测从业人员的参考书。

**图书在版编目（CIP）数据**

室内环境监测 / 王雪平，李玉静主编. -- 北京 : 中国水利水电出版社，2012.2(2023.2重印)
普通高等教育“十二五”规划教材. 高职高专适用
ISBN 978-7-5084-9447-0

Ⅰ. ①室… Ⅱ. ①王… ②李… Ⅲ. ①室内环境—环境监测—高等职业教育—教材 Ⅳ. ①X83

中国版本图书馆CIP数据核字(2012)第017025号

| | |
|---|---|
| 书　　名 | 普通高等教育“十二五”规划教材（高职高专适用）<br>**室内环境监测** |
| 作　　者 | 主编　王雪平 李玉静　副主编　朱慧斌 李华北 |
| 出版发行 | 中国水利水电出版社<br>（北京市海淀区玉渊潭南路1号D座　100038）<br>网址：www.waterpub.com.cn<br>E-mail：sales@mwr.gov.cn<br>电话：(010) 68545888（营销中心） |
| 经　　售 | 北京科水图书销售有限公司<br>电话：(010) 68545874、63202643<br>全国各地新华书店和相关出版物销售网点 |
| 排　　版 | 中国水利水电出版社微机排版中心 |
| 印　　刷 | 天津嘉恒印务有限公司 |
| 规　　格 | 184mm×260mm　16开本　5.25印张　124千字 |
| 版　　次 | 2012年2月第1版　2023年2月第2次印刷 |
| 印　　数 | 3001—4500册 |
| 定　　价 | **20.00**元 |

# 前言

室内环境问题越来越引起人们的关注，中国城市居民占不到总人口的一半，但已有2.7亿人以上居民呼吸的空气不达标。这一近于耸人听闻的说法，来自经济合作与发展组织（OECD）2007年7月17日宣布的《OECD中国环境绩效评估》报告。在人的一生中，至少有80%以上的时间是在室内环境中度过，仅有低于5%的时间在室外，而其余时间则处于两者之间。而一些行动不便的人、老人、婴儿等则可能有高达95%的时间在室内生活，故室内空气质量的好坏对人体健康的关系就显得更加密切、更加重要了。

国外大量研究结果也表明，室内空气污染会引起“致病建筑综合症”（SBS），症状包括头痛和眼、鼻、喉部不适，干咳，皮肤干燥发痒，头晕恶心，注意力难于集中和对气味敏感等。建筑关联病（BRI），症状有咳嗽，胸部发紧，发烧寒战和肌肉疼痛等，所以，任何一个场所都有必要进行空气检测，给现代人一个舒适健康的生活环境。

全书共四章。第一章室内环境现状，包括室内空气质量、室内空气污染物来源及危害、室内环境标准体系、中国室内环境污染治理法规，让学习者建立初步的理论基础。第二章室内污染物检测技术，包括室内环境监测的目的和质量保证、室内环境检测采样规则及室内空气监测技术，让学习者掌握基础的监测技术方法。第三章室内主要污染物的分析测试方法，包括无机污染物的测定、有机污染物的测定、氡的测定、菌落总数的测定、可吸入颗粒物的测定，给学习者提供国标监测方法，对检测原理、方法、步骤及结果计算进行详细的学习。第四章新装修房屋装饰材料中有害物质的测定，包括人造板中甲醛的测定，油漆、涂料中挥发性有机化合物的测定，壁纸中有害物质的测定以及混凝土外加剂中氨气释放量的测定，主要目的是增强学习者的实际应用能力。

本书由王雪平、李玉静任主编，朱慧斌、李华北任副主编。王雪平编写第一章和第三章，李玉静、朱慧斌、李华北、崔虹、陈志冉、王哲嵘、姬艳培编写第二章和第四章。

由于编者水平有限，在编写过程中难免有疏漏和不足之处，恳请读者批评指正。

**编者**

2011年12月

# 目录

# 第一章 室内环境现状

## 第一节 室内空气质量

进入21世纪，保护生态环境，实现可持续发展成为人类面临的一个重要问题。可是，人们以往在重视保护蓝天碧水，治理大气、江河湖海等大环境污染的时候，却忽视了一个与人们的生活息息相关，直接涉及人身健康的室内环境污染问题。

室内环境包括居室、办公室、交通工具、文化娱乐体育场所、医院病房、学校教室、幼儿园活动室和餐馆、旅馆宾馆等场所。所有室内环境质量的优劣与健康均有密切的关系。在这里先谈谈人人接触的家居环境。家居环境是家庭团聚、休息、学习和家务劳动的人为小环境。家居环境卫生条件的好坏，直接影响着居民的发病率和死亡率。近年来，环境保护愈来愈受到人们的重视，但有很多人还没有意识到室内环境质量对健康的影响。城市居民每天在室内工作、学习和生活的时间占全天时间的90%左右，因此，居室环境与人类健康和儿童生长发育的关系极为密切。

随着经济的发展和人民生活水平的提高，在改善居住条件时，大家比较习惯于考虑住房的位置、环境、交通是否方便，再就是住房的面积、实用方便性和是否美观。20世纪70年代爆发了全球性能源危机，一些发达国家在建筑物设计方面为了节省能源，导致室内通风不足，室内污染状况恶化，出现了“军团病”和“致病建筑物综合症”。

现代人生活和工作在室内环境中的时间已达到全天的80%～90%，因此室内环境质量的好坏直接影响人们的身体健康。有研究显示，室内并不是安全的场所，有时室内污染反而更加严重。室内空气质量（IAQ）的重要性不言而喻。一个人每天需要1kg食品2kg饮水，但所需空气则为10kg，室内空气质量（IAQ）对人的健康保障、舒适感受和工作学习效率尤为重要。

在经历了18世纪工业革命带来的“煤烟型污染”和19世纪石油和汽车工业带来的“光化学烟雾污染”之后，现代人正经历以“室内环境污染”为标志的第三污染时期。室内污染物可能达数千种之多，室内污染也被称为现代城市的特殊灾害，国际上已经把室内空气污染列为对公众健康危害最大的环境因素。

当前我国环境污染已经超过了警戒线，尤其是空气、水、碳尘、辐射和有毒物质时刻侵害着我们的健康，室内环境的污染更为严重。据中国消费者协会统计，近年来投诉重点已经从质量投诉逐步转向室内环境污染投诉。国家卫生、建设和环保部门最近进行过一次室内装饰材料抽查，结果发现具有毒气污染的材料占68%，这些装饰材料会挥发出300多种挥发性的有机化合物，如甲醛、三氯乙烯、苯、二甲苯等，容易引发各种疾病。建筑物自身也可能成为室内空气的污染源。另有一种室内空气污染的隐患——空调，它在现代生活中日益普及，造成人体、房间和空调机在室内形成一个封闭的循环系统，极容易使细菌、病毒等微生物大量繁衍。

中国环境保护协会有关数据统计表明：90%白血病患儿家中曾进行过豪华装修，每年210名儿童死于豪华装修；80%的家庭装修甲醛超标；70%的孕妇流产和环境污染有关；每年我国因室内环境污染引起的死亡人数高达11.1万人，平均每天304人死亡。室内环境污染已经成为严重影响现代人类健康的杀手之一。

## 第二节 室内空气污染物来源及危害

### 一、造成室内空气污染的主要原因及污染物

从目前检测分析，室内空气污染物的主要来源有以下几个方面：建筑及室内装饰材料、室外污染物、燃烧产物和人本身活动。其中室内装饰材料及家具的污染是目前造成室内空气污染的主要原因。

（1）烹调油烟污染。烹调油烟含有多种有毒化学成分，厨房煮饭炒菜产生的一氧化碳、氮氧化物及强致癌物，对机体具有肺脏毒性、免疫毒性、致癌、致突变性。烹调油烟对人外周血淋巴细胞具有一定的毒性作用，烹调油烟对机体的体液免疫和细胞免疫功能均有一定的影响，有关烹调油烟的危害研究近年来也日益受到重视。

（2）辐射及尘埃污染。家用电器均产生不同的辐射、静电等结合尘埃粒子，病毒等随空气流动而污染室内环境，影响人们身体健康。

（3）烟草烟雾污染。烟草的危害是当今世界最严重的公共卫生问题之一，烟雾中含有许多致病物质，如烟碱、二氧化氮、氢氰酸、丙烯醛、砷、铅、汞等，环境烟草烟雾暴露和肺癌发生有很强的病因学关系，已经被40多个流行病学研究证实。

（4）生物性污染。主要来自家庭饲养的花鸟鱼虫和猫狗宠物，包括细菌、真菌（包括真菌孢子）、花粉、病毒、生物体有机成分等。

（5）人体代谢污染。由人体呼吸排入环境的气体污染物有100多种，由皮肤排泄的近200种。其中，影响人体健康的主要有体臭、氨、病菌、病毒等。

（6）室外来源污染。室外空气中的各种污染物（包括工业废气和汽车尾气）通过门窗、孔隙等进入室内，人为带入室内的污染物等。

国家卫生、建设和环保部门曾经进行过一次室内装饰材料抽查，结果发现具有毒气污染的材料占68%，这些装饰材料会挥发出300多种挥发性的有机化合物。其中甲醛、氨、苯、甲苯、二甲苯、挥发性有机物以及放射性气体氡等，人体接触后，可以引起头痛、恶心呕吐、抽搐、呼吸困难等，反复接触可以引起过敏反应，如哮喘、过敏性鼻炎和皮炎等，长期接触则能导致癌症（肺癌、白血病）或导致流产、胎儿畸形和生长发育迟缓等。

（1）甲醛。这是一种无色易溶的刺激性气体。刨花板、密度板、胶合板等人造板材、胶粘剂和墙纸是空气中甲醛的主要来源，释放期长达3～15年。可经呼吸道吸收，甲醛对人体的危害具长期性、潜伏性、隐蔽性的特点。长期吸入甲醛可引发鼻咽癌、喉头癌等严重疾病。

（2）苯。这是一种无色、具有特殊芳香气味的气体。胶水、油漆、涂料和黏合剂是空

气中苯的主要来源。苯及苯系物被人体吸入后，可出现中枢神经系统麻醉作用；可抑制人体造血功能，使红细胞、白细胞、血小板减少，再生障碍性贫血患率增高；还可导致女性月经异常，胎儿的先天性缺陷等。

（3）氡。这是一种无色、无味、无法察觉的惰性气体。水泥、砖砂、大理石、瓷砖等建筑材料是氡的主要来源，地质断裂带处也会有大量的氡析出。氡及其子体随空气进入人体，或附着于气管黏膜及肺部表面，或溶入体液进入细胞组织，形成体内辐射，诱发肺癌、白血病和呼吸道病变。世界卫生组织研究表明，氡是仅次于吸烟引起肺癌的第二大致癌物质。

（4）氨。这是一种无色而有强烈刺激气味的气体。主要来源于混凝土防冻剂等外加剂、防火板中的阻燃剂等。它对眼、喉、上呼吸道有强烈的刺激作用，可通过皮肤及呼吸道引起中毒，轻者引发充血、分泌物增多、肺水肿、支气管炎、皮炎，重者可发生喉头水肿、喉痉挛，也可引起呼吸困难、昏迷、休克等，高含量氨甚至可引起反射性呼吸停止。

（5）总挥发性有机化合物（TVOC）。这是一种挥发性有机化合物（VOC）在室内空气中作为异类污染物，由于它们单独的浓度低，但种类多，一般不予逐个分别表示，以 TVOC 表示其总量。TVOC 包括甲醛、苯、对（间、邻）二甲苯、苯乙烯、乙苯、乙酸丁酯、三氯乙烯、三氯甲烷、十一烷等。室内建筑和装饰材料是空气中 TVOC 的主要来源。研究表明，即使室内空气中单个 VOC 含量都低于其限含量，但多种 VOC 的混合存在及其相互作用，就使危害强度增大。TVOC 表现出毒性、刺激性，能引起机体免疫水平失调，影响中枢神经系统功能，出现头晕、头痛、嗜睡、无力、胸闷等症状，还可能影响消化系统，出现食欲不振、恶心等，严重时可损伤肝脏和造血系统，甚至引起死亡。

## 二、室内空气监测项目的选取

室内空气污染具有来源复杂、成分多样、作用持久的特点，如何选择监测项目是首先需要考虑的。各个国家根据自身室内空气的污染状况，所监测的污染物不尽相同。一般依据以下原则来选择监测的项目。

（1）对污染物的性质如化学活性、毒性、扩散性、累积性等作全面的分析，从中选取影响较大、持续时间较长、可使人体发生病变的物质。

（2）监测的项目有可靠的分析手段。

（3）监测的结果有比较的标准或能作出正确的解释和判断。

我国室内空气监测的项目包括物理、化学（分子态和粒子态污染物）、放射性和生物 4 大类 19 个指标，既有与建筑热舒适有关的项目，如温湿度、风速、新风量等，又有与人体健康密切相关的有害污染物，如苯、甲醛、氡等。

在实际监测中，有时不需要测定所有的项目，可根据室内的具体情况判断，选择污染严重、对人体危害最大的指标进行监测。在室内空气中存在 500 多种挥发性有机物，其中致癌物质就有 20 多种，致病病毒 200 多种。国家标准《民用建筑工程室内环境污染控制规范》（GB 50325—2010）中控制的 5 种污染物是：甲醛、苯、TVOC、氨和氡。

## 三、室内空气污染物的特征

（1）室内空气污染物具有复杂性。室内空气污染物的组成有别于大气污染物，室内空气污染物来源的广泛性造成了其组成的复杂性。

（2）室内空气污染物具有多样性。这既指污染物种类的多样性，如化学污染、物理污染、生物污染和放射性污染，又指污染物形态的多样性，如气态、蒸气态、气溶胶、颗粒物等。

（3）室内空气污染物具有累积性。室内环境是相对封闭的空间，从污染源进入室内到污染源不断散发污染物导致其浓度升高，再到利用自然通风或机械通风将污染物排出室外，使其浓度逐渐趋于零，大都需要经过很长的时间，有些污染源如果不清除，其散发污染物的能力可以持续多达几十年。人们如果长期在含有污染物（即使是浓度很低的污染物）的空气中生活，污染物作用于人体后，由于产生累积作用，也会影响人体健康。

## 第三节 室内环境标准体系

### 一、室内空气质量标准

国家质量监督检验检疫局、卫生部、国家环保总局于2002年11月19日联合发布了《室内空气质量标准》（GB/T 18883—2002）。它主要作为衡量房屋是否合乎人居环境健康要求的标准。

### 二、民用建筑工程室内环境污染控制规范

2001年11月26日建设部颁布了《民用建筑工程室内环境污染控制规范》（GB 50325—2010），分别对新建、扩建和改建的民用建筑在建筑和装修材料的选择、工程勘查设计、工程施工中有害物质的限量值提出了具体要求，并提出验收时必须进行室内环境污染物浓度检测。它主要作为民用建筑工程和室内装修工程环保验收检测时的依据。

### 三、两种室内空气质量控制标准的区别

依据GB/T 18883—2002的室内检测和依据GB 50325—2010的室内检测的主要区别见表1.1。

（1）针对性的区别。GB/T 18883—2002是衡量人居环境健康的尺度，对建筑商、装修商、家具商没有约束力，GB 50325—2010是建筑、装修验收标准，对建筑商、装修商具有强制性，该标准规定，建筑工程、装修工程必须通过环保验收，达标后才能交工，严禁不达标房屋交付使用。

（2）指标值的区别。GB/T 18883—2002涉及室内环境物理性、化学性、生物性、放射性共19项指标，GB 50325—2010只对甲醛、苯、氨、TVOC和氡222等5个项目进行了限定。两个标准重叠的指标为：甲醛、苯、氨、TVOC和$^{222}Rn$各项目的限定值依次为$0.10/0.08mg/m^3$、$0.11/0.09mg/m^3$、$0.20/0.20mg/m^3$、$0.60/0.50mg/m^3$、$200/400mg/m^3$。

（3）检测条件不同。尽管按指标值来看，GB 50325—2010比GB/T 18883—2002的要求还要高一点，但事实上，落实到检测条件的时候，GB 50325—2010比GB/T 18883—

2002要宽松得多。前者规定检测前要充分通风，然后，只关闭门窗1h就进行检测，后者则规定要关闭门窗12h之后进行。检测条件的不同，往往导致按GB 50325—2010验收合格，交工交付使用的房屋，再按GB/T 18883—2002进行检测又不合格的现象发生。由此产生的种种纠纷案例屡见不鲜，且终以房屋业主败诉而结束。

## 四、两种环境标准体系的选择

### （一）以下情况选择GB 50325—2010检测

（1）收房之前。如果对建筑环保达标问题表示怀疑，就需要提出复检。在排除怀疑以前，不要收房，收了房后再追究就难上加难。

（2）装修验收前。按2004年北京市新版装修合同规定，装修商必须依据GB 50325—2010验收合格后才能交工。装修环保验收应当在装修商撤出之前进行，环保验收不合格不能接收。环保验收必须是由业主委托的与装修商没有关联的、事先不知晓的第三方检测单位进行，这样才能保障业主的权益。

### （二）以下情况选择GB/T 18883—2002检测

（1）新居入住之前。诊断室内空气质量，保障人居环境健康。

（2）室内污染治理工程验收。如事前委托治理公司作过室内污染治理，则要找第三方检测来验收。

（3）室内空气质量问题排查。对存在疑虑的已入住的房屋进行检测。

**表1.1　两种环境标准体系的对比**

| 标准名称 | 《民用建筑工程室内环境污染控制规范》(GB 50325—2001) | 《室内空气质量标准》(GB/T 18883—2002) |
|---|---|---|
| 发布单位 | 中华人民共和国国家质量监督检验检疫总局<br>中华人民共和国建设部 | 国家质量监督检验检疫总局<br>卫生部<br>国家环境环保总局 |
| 发布实施日期 | 2001年11月26日发布<br>2002年1月1日实施 | 2002年11月19日发布<br>2003年3月1日实施 |
| 标准性质 | 强制性标准 | 推荐性标准 |
| 适用范围 | 适用于新建、扩建和改建的民用建筑工程室内环境污染控制。室内环境污染是指由建筑材料和装修材料产生的污染，民用建筑工程交付使用后，非建筑装修材料产生的室内环境污染，不属于本规范范围 | 适用于住宅和办公建筑物，其他室内环境可参照本标准执行 |
| 检测污染物 | 甲醛、氨、苯、TVOC和氡等5种物质 | 温度、相对湿度、空气流速、新风量、二氧化硫、二氧化氮、二氧化碳、一氧化碳、臭氧、氨、甲醛、苯、甲苯、二甲苯、TVOC、苯并〔a〕芘、可吸入颗粒物、菌落总数和氡等19种物质 |
| 常规检测项 | 甲醛、苯、氨、TVOC | 甲醛、苯、甲苯、二甲苯、TVOC |
| 采样时间 | 工程完工至少7d以后 | 工程完工至少7d以后 |

续表

| 标准名称 | 《民用建筑工程室内环境污染控制规范》(GB 50325—2001) | 《室内空气质量标准》(GB/T 18883—2002) |
| --- | --- | --- |
| 采样条件 | 自然通风的民用建筑，关闭门窗1h后开始采样；检测氡时要求关闭门窗24h后开始采样；采用集中空调的民用建筑，应在空调正常运转的条件下进行 | 自然通风后，关闭门窗12h后开始采样 |
| 布点要求 | 小于50m$^2$的房间设1个点，50～100m$^2$设2个点，100m$^2$以上设3～5个采样点 | 小于50m$^2$的房间设1～3个点，50～100m$^2$设3～5个点，100m$^2$以上至少设5个采样点 |

## 第四节 中国室内环境污染治理法规

为保护环境、保障人民身体健康，我国已相继颁发了《民用建筑工程室内环境污染控制规范》(GB 50325—2010)、《室内空气质量标准》(GB/T 18883—2002) 等一系列标准法规。根据国家有关装修和室内空气质量的标准，上海市也制定了《住宅装饰装修验收标准》(GB 31/30—2003) 的规定。目前，我国与室内装饰环境检测有关的主要法律法规有以下这些。

(1)《中华人民共和国环境保护法》。

(2)《中华人民共和国计量法》。

(3)《中华人民共和国标准化法》。

(4)《检测和校准实验室能力的通用要求》(GB/T 27025—2008)。

(5)《室内空气质量标准》(GB/T 18883—2002)。

(6)《民用建筑工程室内环境污染控制规范》(GB 50325—2010)。

(7)《室内装饰装修材料 人造板及其制品中甲醛释放限量》(GB 18580—2001)。

(8)《室内装饰装修材料 溶剂型木器涂料中有害物质限量》(GB 18581—2009)。

(9)《室内装饰装修材料 内墙涂料中有害物质限量》(GB 18582—2008)。

(10)《室内装饰装修材料 胶粘剂中有害物质限量》(GB 18583—2008)。

(11)《室内装饰装修材料 木家具中有害物质限量》(GB 18584—2001)。

(12)《室内装饰装修材料 壁纸中有害物质限量》(GB 18585—2001)。

(13)《室内装饰装修材料 聚氯乙烯卷材地板中有害物质限量》(GB 18586—2001)。

(14)《室内装饰装修材料 地毯、地毯衬垫及地毯胶粘剂有害物质释放限量》(GB 18587—2001)。

(15)《住宅装饰装修验收标准》(DB 31/30—2003)。

# 第二章　室内污染物检测技术

室内环境检测就是运用现代科学技术方法以间断或连续的形式定量地测定环境因子及其他有害于人体健康的室内环境污染物的浓度变化，观察并分析其环境影响过程与程度的科学活动。

## 第一节　室内环境检测的目的和质量保证

### 一、室内环境检测的目的

室内环境检测的目的是为了及时、准确、全面地反映室内环境质量现状及发展趋势，并为室内环境管理、污染源控制、室内环境规划、室内环境评价提供科学依据。具体可概括为以下几个方面。

（1）根据室内环境质量标准，评价室内环境质量。

（2）根据污染物的浓度分布、发展趋势和速度，追踪污染源，为实施室内环境监测和控制污染提供科学依据。

（3）根据检测资料，为研究室内环境容量，实施总量控制、预测预报室内环境质量提供科学依据。

（4）为制定、修订室内环境标准、室内环境法律和法规提供科学依据。

（5）为室内环境科学研究提供科学依据。

### 二、室内环境检测的质量保证分类

监测质量控制是监测质量保证的一部分，它包括实验室内部质量控制和外部质量控制两部分。

（1）内部质量控制。内部质量控制是实验室自我控制质量的常规程序，它能反映分析的质量稳定性如何，以便及时发现分析中的异常情况，随时采用相应的校正措施。其内容包括空白实验、校准曲线检查、仪器设备的定期标定、平行样分析、加标样分析、密码样分析和编制质量控制图等。

（2）外部质量控制。外部质量控制由常规监测以外的中心检测站或其他有经验的人员来执行，以便对数据质量进行独立评价，各实验室可以从中发现所存在的系统误差等问题，及时校正，提高监测质量。外部质量控制常用的方法有分析标准样品以进行实验室之间的评价、分析测量系统的现场评价等。

### 三、室内环境监测数据的特性

在实际的监测中为了使监测数据能够准确地反映环境质量的现状，预测污染物发展趋势，要求监测数据具有代表性、准确性、精密性、可比性和完整性。

**（一）代表性**

代表性是指在具有代表性的时间、地点，并按规定的采样要求采集有效样品。

所采集的样品必须能反映室内空气总体的真实状况，监测数据能真实代表某种污染物在室内空气中的存在状态和空气状况。由于空气的性质和现场条件的限制，任何污染在空气中的分布不可能十分均匀，因此要使监测数据如实反映空气质量的情况，必须充分考虑所测污染物的时空分布。为此，首先要优化布设采样点位（高度、距离、点数等），使所采集的气体具有代表性。

**（二）准确性**

准确性是指测定值与真实值的符合程度。监测数据的准确性受采样、运输、保存、分析、计算等环节的影响，一般以监测数据的准确度来表征。

准确度通常以度量一个特定分析程序所获得的分析结果（单次测定值或重复测定值的均值）与假定的或公认的真值之间的符合程度来表示。一个分析方法或分析系统的准确度是反映该方法或该测量系统是否存在系统误差或随机误差的综合指标。它决定着这个分析结果的可靠性。

准确度常用绝对误差与相对误差表示。

*1. 准确度的评价方法*

（1）标准样品分析。通过分析标准样品，由所得结果了解分析的准确性。但目前部分标准样品是由纯物质制备而成的，不含任何其他基体，因此只从标准样品结果这一点来判断准确性是不够全面的。

（2）回收率的测定。在实际样品中加入一定量的标准物质来检测其回收率，这是目前实验室中常用的衡量准确性的方法，从多次检测回收试验的结果中，还可以发现方法的系统误差。按式（2.1）计算加标回收率（$p$）：

$$加标回收率=(加标试样测定值-试样测定值)\div加标量\times100\%$$

*2. 不同方法比较*

通常认为，不同原理的分析方法具有相同的不准确性的可能性极小，当对同一样品用不同原理的分析方法测定，并获得一致的测定结果时，可将其作为真值的最佳估计。

当用不同分析方法对同一样品进行重复测定时，若所得结果一致，或经统计检验表明其差异不显著时，则可认为这些方法都具有较好的准确性；若所得结果呈现显著性差异，则应以被公认的可靠方法测定的结果为准。

**（三）精密性**

精密性反映了测量值的重复性和再现性，以监测数据的精密度表征，是使用特定的分析程序在受控条件下重复分析同一样品所得测定值之间的一致程度。它反映了分析方法或测量系统存在的随机误差的大小，测试成果的随机误差越小，测试的精密度越高。

精密度通常用极差、平均偏差和相对平均偏差、标准偏差和相对标准偏差表示，其中标准偏差用得最多。

精密度可用平行性、重复性和再现性来表示。

（1）平行性。在同一实验室中，当分析人员、分析设备和分析时间都相同时，用同一种方法对同一样品进行双份或多份平行样测定，其结果之间的符合程度。

（2）重复性。在同一实验室中，当分析人员、分析设备和分析时间中的任一项不相同时，用同一分析方法对同一样品进行双份或多份平行测定，其结果之间的符合程度。

（3）再现性。用相同的方法，不同条件下对同一样品进行测定，获得的单个结果之间的一致程度。不同条件是指不同实验室、不同分析人员、不同设备、不同（或相同）时间。

在考察精密度时还应注意以下几个问题：

（1）分析结果的精密度与样品中待测物质的浓度水平有关。因此，必要时应取两个或两个以上不同浓度水平的样品进行分析方法精密度的检查。

（2）精密度可因与测定有关的实验条件的改变而变动。通常，由一整批分析结果得到的精密度，往往高于分散在一段较长时间里的分析结果的精密度。如可能，最好将组成固定的样品分为若干批分散在适当长的时期内进行分析。

（3）标准偏差的可靠性程度受测量次数的影响。因此，对标准偏差做较好估计时（如确定某种方法的精确度）需要足够的测量次数。

（4）通常以分析标准溶液的办法了解方法的精密度，这与分析实际样品的精密度可能存在一定的差异。

（5）准确度良好的数据必须具有良好的精密度，精密度差的数据则难以判别其准确度。

#### （四）可比性

可比性是指用不同测定方法测量同一样品时，所得结果的吻合程度。可比性不仅要求各实验室之间对同一样品的监测结果应相互可比，也要求同一实验室的监测数据（相关项目和历年数据）可比。在此基础上，还应通过标准物质的量值传递与溯源，以实现国际、行业间的数据一致。

#### （五）完整性

强调工作总体规划的切实完成，即保证按预期计划取得具有系统性和连续性的有效样品，而且无缺漏的获得这些样品的监测结果及有关信息。

### 四、监测结果数据的处理

得到的监测数据通常不能作为最终的监测结果报出，一般要经过数据的处理。室内空气监测和其他环境监测工作一样，数据处理和结果表述一般要注意以下几个方面的问题：有效数字，可疑值的取舍，测量结果的统计检验和结果表述，空气中污染物浓度的表达方法。

#### （一）有效数字

所有准确数字和一位可疑数字（实际能测到的数字）有效数字的表达及运算规则。

1. 有效数字的表达

记录一个测定值时，只保留一位可疑数据，整理数据和运算中弃取多余数字时，采用“数字修约规则”：四舍六入五考虑；五后非零则进一；五后皆零视奇偶；五前为奇则进一；五前为偶则舍弃；不许连续修约。

2. 有效数字的运算规则

（1）加减法。以小数点后位数最少的数据的位数为准，即取决于绝对误差最大的数据位数。

(2) 乘除法。由有效数字位数最少者为准，即取决于相对误差最大的数据位数。

(3) 对数。对数的有效数字只计小数点后的数字，即有效数字位数与真数位数一致。

(4) 常数。常数的有效数字可取无限多位。第一位有效数字等于或大于 8 时，其有效数字位数可多算一位。在计算过程中，可暂时多保留一位有效数字。误差或偏差取 1～2 位有效数字即可。

**(二) 可疑数据的取舍**

1. Q 检验法（3～10 次测定适用，且只有 1 个可疑数据）

(1) 将各数据从小到大排列为 $x_1$，$x_2$，$x_3$，…，$x_n$。

(2) 计算（$x_{大}-x_{小}$），即（$x_n-x_1$）。

(3) 计算（$x_{可}-x_{邻}$）。

(4) 计算舍弃商 $Q_{计}=\dfrac{|x_{可}-x_{邻}|}{x_n-x_1}$。

(5) 根据 $n$ 和 $P$ 查 $Q$ 值表（表 2.1）得 $Q_{表}$。

(6) 比较 $Q_{表}$ 与 $Q_{计}$。

若：$Q_{计}\geqslant Q_{表}$，可疑值应舍去；$Q_{计}<Q_{表}$，可疑值应保留。

2. G 检验法（Grubbs 法）

设有 $n$ 各数据，从小到大为 $x_1$，$x_2$，$x_3$，…，$x_n$；其中 $x_1$ 或 $x_n$ 为可疑数据。

(1) 计算 $\overline{x}$（包括可疑值 $x_1$、$x_n$ 在内）、$|x_{可疑}-\overline{x}|$ 及 $S$。

(2) 计算 $G$：$G_{计}=\dfrac{|x_j-\overline{x}|}{S}$。

(3) 查 $G$ 值表得 $G_{V,P}$。

(4) 比较 $G_{计}$ 与 $G_{V,P}$。

若 $G_{计}\geqslant G_{V,P}$ 则舍去可疑值；

$G_{计}<G_{V,P}$ 则保留可疑值。

**表 2.1 Q 检验临界值**

| 测量次数 | Q (90%) | Q (95%) | Q (99%) |
|---|---|---|---|
| 3 | 0.94 | 0.98 | 0.99 |
| 4 | 0.76 | 0.85 | 0.93 |
| 5 | 0.64 | 0.73 | 0.82 |
| 6 | 0.56 | 0.64 | 0.74 |
| 7 | 0.51 | 0.59 | 0.68 |
| 8 | 0.47 | 0.54 | 0.63 |
| 9 | 0.44 | 0.51 | 0.60 |
| 10 | 0.41 | 0.48 | 0.57 |
| ∞ | 0.00 | 0.00 | 0.00 |

**(三) 分析数据的显著性检验**

(1) 平均值 ($\overline{x}$) 与标准值 ($\mu$) 之间的显著性检验——检查方法的准确度。

$$t_{计}=\frac{|\overline{x}-\mu|}{S}\sqrt{n} \tag{2.1}$$

若：$t_{计}\geqslant t_{0.95,V}$，则 $\overline{x}$ 与 $\mu$ 有显著性差异（方法不可靠）；

$t_{计}<t_{0.95,V}$，则$\overline{x}$与 $\mu$ 无显著性差异（方法可靠）。

(2) 两组平均值的比较。

1) 先用 $F$ 检验法检验两组数据精密度 $S_{1(小)}$、$S_{2(大)}$ 有无显著性差异（方法之间）：

$$F_{计}=\frac{S_{2(大)}^2}{S_{1(小)}^2} \tag{2.2}$$

若此 $F_{计}$ 值小于表 2.2 中的 $F$ (0.95) 值，说明两组数据精密度 $S_1$、$S_2$ 无显著性差异，反之则说明两组数据有显著性差异。

2) 再用 $t$ 检验法检验两组平均值之间有无显著性差异：

$$t_{计}=\frac{|\overline{x}_1-\overline{x}_2|}{S_{(小)}}\sqrt{\frac{n_1n_2}{n_1+n_2}} \tag{2.3}$$

查 $t_{0.95}(f=n_1+n_2)$，若 $t_{计}\geqslant t_{0.95,V}$，则说明两平均值有显著性差异；$t_{计}<t_{0.95,V}$，则说明两平均值无显著性差异。

**表 2.2　　　　$t$ 检验临界值**

| 测量次数 ($n$) | 自由度 ($n-1$) | 置信度 $P$ | |
|---|---|---|---|
| | | 0.95 | 0.99 |
| 3 | 2 | 1.153 | 1.155 |
| 4 | 3 | 1.463 | 1.492 |
| 5 | 4 | 1.672 | 1.749 |
| 6 | 5 | 1.822 | 1.944 |
| 7 | 6 | 1.928 | 2.097 |
| 8 | 7 | 2.032 | 2.221 |
| 9 | 8 | 2.110 | 2.323 |
| 10 | 9 | 2.176 | 2.410 |

**(四) 空气中污染物浓度的表达方法**

单位体积空气中污染物质的含量，称为该物质在空气中的浓度，通常用两种方式表示。

1. *质量浓度*

质量浓度是以单位体积内所含污染物的质量来表示空气中污染物的浓度，常用的浓度单位有 $mg/m^3$ 和 $\mu g/L$ 等。

$$P=\frac{m}{V} \tag{2.4}$$

式中　$P$——被测物质的质量浓度，$\mu g/L$；

$m$——被测物质的质量，$\mu g$；

$V$——参比状态下采样体积，L。

2. 体积比浓度

体积比浓度是以前常用的方式，以 ppm 和 ppb 表示，ppm 表示在 100 万体积空气中含有污染物或蒸气的体积数。目前，在描述气体浓度的实际工作中，ppm 有时还会遇到，按规定，ppm 应改为 $10^{-6}$的形式。

$$C_V=\frac{22.4}{M}C_m \tag{2.5}$$

式中 $C_V$——体积比浓度；

$C_m$——质量浓度；

$M$——被测物质的相对分子质量。

3. 体积比浓度和质量浓度之间的换算

$$\frac{P}{C}=\frac{M}{22.4} \tag{2.6}$$

式中 $M$——被测物质的相对分子质量；

22.4——标准状态下气体的摩尔体积。

## 第二节 室内环境检测采样规则

1. 民用建筑工程分类

民用建筑工程根据控制室内环境污染的不同要求，划分为以下两类。

（1） Ⅰ类民用建筑工程。Ⅰ类民用建筑工程包括住宅、医院、养老院、幼儿园、学校教室等民用建筑工程。

（2） Ⅱ类民用建筑工程。Ⅱ类民用建筑工程包括办公楼、商店、旅馆、文化娱乐场所、书店、网吧、图书馆、展览馆、体育馆、公共交通等候室、餐厅、理发店等民用建筑工程。

2. 民用建筑工程验收

民用建筑工程验收时，应抽检有代表性的房间室内环境污染物浓度，抽检数量不得少于 5%，并不得少于 3 间，房间总数少于 3 间时，应全数检测。

民用建筑工程验收时，凡进行了样板间室内环境污染物浓度检测且检测结果合格的，抽检数量减半，并不得少于 3 间。

民用建筑工程验收时，室内环境污染物浓度检测点应按房间面积设置。

（1） 房间使用面积小于 $50m^2$ 时，设 1 个检测点。

（2） 房间使用面积小于 $50\sim100m^2$ 时，设 2 个检测点。

（3） 房间使用面积大于 $100m^2$ 时，设 3～5 个检测点。

当房间内有 2 个及以上检测点时，应取各点检测结果的平均值作为该房间的检测值。

民用建筑工程验收时，环境污染物浓度现场检测点应距内墙面不小于 0.5m，距楼地面高度 0.8～1.5m。检测点应均匀分布，避开通风道和通风口。

民用建筑工程室内环境中游离甲醛、苯、氨、TVOC 浓度检测时，对采用集中空调的民用建筑工程，应在空调正常运转的条件下进行；对采用自然通风的民用建筑工程，应在对外门窗关闭 1h 后进行。

民用建筑工程室内环境中氡浓度检测时，对采用集中空调的民用建筑工程，应在空调正常运转的条件下进行；对采用自然通风的民用建筑工程，应在房间的对外门窗关闭 24h 以后进行。

当室内环境污染物浓度检测结果不符合本规范的规定时，应查找原因并采取措施进行处理，并可进行再次检测。再次检测时，抽检数量应增加 1 倍。对室内环境污染物浓度再次检测，结果全部符合本规范的规定时，可判定为室内环境质量合格。其他方面的采样说明见表 2.3～表 2.7。

**表 2.3　旅店业客房采样**

| 客房间数 | ≤10 | >100 |
|---|---|---|
| 采样点数（个） | 客房数的 5%～10% | 客房数的 1%～5% |
| 采样高度（m） | 0.8～1.2 | 0.8～1.2 |

**表 2.4　影剧院、音乐厅、录像厅（室）采样**

| 座位数（个） | ≤300 | 300～500 | 500～1000 | >1000 |
|---|---|---|---|---|
| 采样点数（个） | 1～2 | 2～3 | 3～4 | 5 |
| 采样高度（m） | 1.2 | 1.2 | 1.2 | 1.2 |

**表 2.5　舞厅、游艺室、茶座、酒吧、咖啡厅采样**

| 座位数（个） | ≤50 | 50～100 | 100～200 | >200 |
|---|---|---|---|---|
| 采样点数（个） | 1 | 2 | 3 | 3～5 |
| 采样高度（m） | 舞厅 1.5，其他场所 1.2 | | | |

**表 2.6　展览馆、图书馆、美术馆、商场、书店、医院候诊室、就餐场所、公共交通等候室采样**

| 面积（$m^2$） | 200～1000 | 1000～5000 | >5000 |
|---|---|---|---|
| 采样点数（个） | 2 | 4 | 6 |
| 采样高度（m） | 1.2～1.5 | 1.2～1.5 | 1.2～1.5 |

**表 2.7　民用建筑工程室内环境污染浓度限量**

| 检测项目 | Ⅰ类工程限量值 | Ⅱ类工程限量值 |
|---|---|---|
| 氡（$Bq/m^3$） | ≤200 | ≤400 |
| 甲醛（$mg/m^3$） | ≤0.08 | ≤0.12 |
| 氨（$mg/m^3$） | ≤0.2 | ≤0.5 |
| 苯（$mg/m^3$） | ≤0.09 | ≤0.09 |
| TVOC（$mg/m^3$） | ≤0.5 | ≤0.6 |

# 第三节 室内空气监测技术

## 一、室内空气样品的采集方法

室内空气样品的采集方法通常有两种：直接采样法和浓缩采样法。

### （一）直接采样法

直接采样法适用于污染物浓度高或分析方法灵敏的情况，包括：注射器采样法，塑料袋采样法，采气管采样法，真空瓶采样法。

### （二）富集（浓缩）采样法

大多数情况利用富集（浓缩）采样法，此方法主要包括以下八种方法。

*1. 溶液吸收法*

抽去一定量的空气，通过选择的吸收液，被测组分由于溶解或化学反应被阻留下来形成溶液，然后对溶液进行测定。适用于气态、蒸汽态、气溶胶态污染物质，吸收原理上分为物理溶解和化学反应，吸收效率取决于吸收速度和接触面积，必须选择合适的吸收液和吸收管。

（1）吸收液的选择原则。与被采集的污染物质发生化学反应快或对其溶解度大。污染物质被吸收液吸收后，要有足够的稳定时间，以满足分析测定所需时间的要求。污染物质被吸收后，应有利于下一步分析测定，最好能直接用于测定。吸收液毒性小、价格低、易于购买，且尽可能回收利用。

（2）吸收管的选择。增大被采气体与吸收液接触面积，可选用气泡吸收管（适用气态或蒸汽态物质）；冲击式吸收管（适用气溶胶态或易溶解样品）；多孔筛板吸收管（适用于气态、气溶胶态样品）。

*2. 填充柱阻留法*

阻留柱是长 6～10cm，内径 3～5mm，内装颗粒状填充剂的玻璃管或塑料管。让气体以一定流速通过填充柱，则欲测组分因吸附溶解或化学反应等作用阻留在填充剂上，采样后通过解吸或溶剂洗脱，使被测组分从填充剂上释放出来进行测定。填充柱包括以下 3 种类型。

（1）吸附型填充柱。吸附型填充柱的填充剂是颗粒状固体吸附剂，如活性炭、硅胶、分子筛、高分子多孔微球等。

（2）分配型填充柱。分配型填充柱的填充剂是表面涂高沸点有机溶剂的惰性多孔颗粒物。

（3）反应型填充柱。反应型填充柱的填充剂是由惰性多孔颗粒物（如石英砂、玻璃微球等）或纤维状物（如滤纸、玻璃棉等）表面涂渍能与被测组分发生化学反应的试剂制成。

*3. 料阻留法*

用抽气装置抽取一定量的空气，则空气中的颗粒物被阻留在过滤材料上，称量颗粒物的重量，再根据采样体积计算。

4. 低温冷凝法

当空气流经采样管时，被测组分因冷凝而凝结在采样管底部。应在采样管的进气端装置选择性过滤器，以除去水分和 $CO_2$ 等。

5. 静电沉降法

通过电场使气体分子电离，附着在气溶胶上，使颗粒带电，沉降到收集极上。

6. 扩散（或渗透）法

用在个体采样器中，佩戴在人身上，跟踪人的活动，用作人体接触有害物质量的监测。

7. 自然集积法

（1）降尘试样采集。

（2）硫酸盐化速率试样的采集。

8. 综合采样法

## 二、采样仪器、采样效率及采样记录

### （一）采样仪器

由收集器、流量计、采样动力 3 部分组成。

（1）收集器。收集器包括吸收管、填冲柱、冷凝采样管、滤料采样夹。

（2）流量计。流量计包括转子流量计、孔口流量计、限流孔。流量计在使用前要进行校正。

（3）采样动力。采样动力包括真空泵、刮板泵、薄膜泵、电磁泵。

将收集器、流量计、抽气泵及采样预处理、流量调节、自动定时控制等部件装在一起，就构成专用采样器，如：$SO_2$、$NO_2$ 等空气采样器，TSP、IP 等颗粒物采样器，总悬浮颗粒物采样器［大流量（$1.1\sim1.7m^3/min$）和中流量（$50\sim150L/min$）］，可吸入颗粒物采样器（测可吸入颗粒物时需加分尘器，分尘器有旋风式、向心式、多层薄板式、撞击式等）和个体计量器（调节成与人的呼吸线速度相似的流量，并随人的活动来采集空气样品）。

### （二）采样效率

采样效率是衡量采样方法好与坏的重要指标，指在规定的条件下，所采集到的污染物占其总量的百分数。

1. 采集气态和蒸汽态污染物质效率的评价方法

绝对比较法

$$K=\frac{C_1}{C_0}\times100\% \tag{2.7}$$

式中 $K$——采样效率；

$C_1$——测定出污染物的浓度；

$C_0$——精确配制标准气体的浓度。

相对比较法

$$K=\frac{C_1}{C_1+C_2+C_3}\times100\% \quad K>90\% \tag{2.8}$$

式中 $K$——采样效率；

$C_1C_2C_3$——第一、第二、第三采样管中污染物的实测浓度。

2. 采集颗粒物效率的评价方法

对颗粒物的采集效率有两种表示方法：一种是用采集颗粒数效率表示，即所采集到的颗粒物粒数占总颗粒数的百分数。另一种是质量采样效率，即所采集到的颗粒物质量占颗粒物总质量的百分数。只有全部颗粒物的大小相同时，这两种采样效率在数值上才相等。但是，实际上这种情况是不存在的，而粒径几微米以下的小颗粒物的颗粒数总是占大部分，而按质量计算却只占很小部分，故质量采样效率总是大于颗粒采样效率。在大气监测评价中，评价采集颗粒物方法的采样效率多用质量采样效率表示。

评价采集颗粒物方法的效率与评价采集气态和蒸汽态物质采样效率的方法有很大不同。一是配制已知颗粒物浓度的气体在技术上比配制气态和蒸汽态物质标准气体要复杂得多，而且颗粒物粒度范围很大，很难在实验室模拟现场存在的气溶胶各种状态。二是滤料采样就像滤筛一样，能漏过第一张滤料的细小颗粒物，也有可能会漏过第二张或第三张滤料，因此用相对比较法评价颗粒物的采样效率就有困难。

鉴于以上情况，评价滤料采样效率一般用另一个已知采样效率高的方法同时采样，或串联在它的后面进行比较得出。对颗粒采样效率的测定，常用一个灵敏度很高的颗粒计数器测量进入滤料前后的空气中的颗粒数来计算。

### （三）采样记录

采样内容包括被测污染物的名称及编号，采样地点和采样时间，采样流量和采样体积，采样时的温度、大气压力和天气情况，采样仪器和所用吸收液，采样者、审核者姓名。

## 三、室内空气监测技术

1. 范围

《室内空气质量标准》（GB/T 18883—2002）（规范性附录）规定了室内空气监测时的选点要求、采样时间和频率、采样方法和仪器、室内空气中各种参数的检验方法、质量保证措施、测试结果和评价。

2. 选点要求

（1）采样点的数量。采样点的数量根据监测室内面积大小和现场情况而确定，以期能正确反映室内空气污染物的水平。原则上小于 $50m^2$ 的房间应设 1～3 个点；50～$100m^2$ 设 3～5 个点；$100m^2$ 以上至少设 5 个点。在对角线上或梅花式均匀分布。

（2）采样点应避开通风口，离墙壁距离应大于 0.5m。

（3）采样点的高度。原则上与人的呼吸带高度相一致。相对高度为 0.5～1.5m。

3. 采样时间和频率

年平均浓度至少采样 3 个月，日平均浓度至少采样 18h，8h 平均浓度至少采样 6h，1h 平均浓度至少采样 45min，采样的时间应涵盖通风最差的时间段。

4. 采样方法和采样仪器

根据污染物在室内空气中存在状态，选用合适的采样方法和仪器，用于室内的采样器的噪声应小于 50dB。具体采样方法应按各个污染物检验方法中规定的方法和操作步骤进行。

（1）筛选法采样。采样前关闭门窗 12h，采样时关闭门窗，至少采样 45min。

（2）累积法采样。当采用筛选法采样达不到本标准要求时，必须采用累积法（按年平均、日平均、8h 平均值）的要求采样。

5. 质量保证措施

（1）气密性检查。有动力采样器在采样前应对采样系统气密性进行检查，不得漏气。

（2）流量校准。采样系统流量要能保持恒定，采样前和采样后要用一级皂膜计校准采样系统进气流量，误差不超过 5%。采样器流量校准：在采样器正常使用状态下，用一级皂膜计校准采样器流量计的刻度，校准 5 个点，绘制流量标准曲线。记录校准时的大气压力和温度。

（3）空白检验。在一批现场采样中，应留有两个采样管不采样，并按其他样品管一样对待，作为采样过程中空白检验，若空白检验超过控制范围，则这批样品作废。

（4）仪器使用前，应按仪器说明书对仪器进行检验和标定。

（5）在计算浓度时应用式（2.9）将采样体积换算成标准状态下的体积

$$V_0 = V\frac{T_0 P}{T P_0} \tag{2.9}$$

式中 $V_0$——换算成标准状态下的采样体积，L；

$V$——采样体积，L；

$T_0$——标准状态的绝对温度，273K；

$T$——采样时采样点现场的温度（$t$）与标准状态的绝对温度之和，($t+273$)K；

$P_0$——标准状态下的大气压力，101.3kPa；

$P$——采样时采样点的大气压力，kPa。

（6）每次平行采样，测定之差与平均值比较的相对偏差不超过 20%。

6. 检验方法

室内空气中各种参数的检验方法见表 2.8。

**表 2.8　　室内空气中各种参数的检验方法**

| 序号 | 参数 | 检验方法 | 来源 |
|---|---|---|---|
| 1 | 二氧化硫 $SO_2$ | 甲醛溶液吸收——盐酸副玫瑰苯胺分光光度法 | GB/T 16128<br>GB/T 15262 |
| 2 | 二氧化氮 $NO_2$ | 改进的 Saltzaman 法 | （1）GB 12372<br>（2）GB/T 15435 |
| 3 | 一氧化碳 CO | （1）非分散红外法<br>（2）不分光红外线气体分析法　气相色谱法　汞置换法 | （1）GB/T 9801<br>（2）GB/T 18204.23 |
| 4 | 二氧化碳 $CO_2$ | （1）不分光红外线气体分析法<br>（2）气相色谱法<br>（3）容量滴定法 | GB/T 18204.24 |
| 5 | 氨 $NH_3$ | （1）靛酚蓝分光光度法　纳氏试剂分光光度法<br>（2）离子选择电极法<br>（3）次氯酸钠—水杨酸分光光度法 | （1）GB/T 18204.25　GB/T 14668<br>（2）GB/T 14669<br>（3）GB/T 14679 |

续表

| 序号 | 参数 | 检验方法 | 来源 |
| --- | --- | --- | --- |
| 6 | 臭氧<br>$O_3$ | （1）紫外光度法<br>（2）靛蓝二磺酸钠分光光度法 | （1）GB/T 15438<br>（2）GB/T 18204.27　GB/T 15437 |
| 7 | 甲醛<br>HCHO | （1）AHMT 分光光度法<br>（2）酚试剂分光光度法 气相色谱法<br>（3）乙酰丙酮分光光度法 | （1）GB/T 16129<br>（2）GB/T 18204.26<br>（3）GB/T 15516 |
| 8 | 苯<br>$C_6H_6$ | 气相色谱法 | （1）GB/T 18883 附录 B<br>（2）GB 11737 |
| 9 | 甲苯 $C_7H_8$<br>二甲苯 $C_8H_{10}$ | 气相色谱法 | （1）GB 11737<br>（2）GB 14677 |
| 10 | 苯并［a］芘<br>B（a）P | 高效液相色谱法 | GB/T 15439 |
| 11 | 可吸入颗粒物 PM10 | 撞击式一称重法 | GB/T 17095 |
| 12 | 总发挥性有机化合物<br>TVOC | 气相色谱法 | GB/T 18883 附录 C |
| 13 | 菌落总数 | 撞击法 | GB/T 18883 附录 D |
| 14 | 温度 | （1）玻璃液体温度计法<br>（2）数显式温度计法 | GB/T 18204.13 |
| 15 | 相对湿度 | （1）通风干湿表法<br>（2）氯化锂湿度计法<br>（3）电容式数字湿度计法 | GB/T 18204.14 |
| 16 | 空气流速 | （1）热球式电风速计法<br>（2）数字式风速表法 | GB/T 18204.15 |
| 17 | 新风量 | 示踪气体法 | GB/T 18204.18 |
| 18 | 氡 $^{222}Rn$ | （1）空气中氡浓度的闪烁瓶测量方法<br>（2）径迹蚀刻法<br>（3）双滤膜法<br>（4）活性炭盒法 | （1）GB/T 14582<br>（2）GB/T 16147 |

7．记录

采样时要对现场情况、各种污染源、采样日期、时间、地点、数量、布点方式、大气压力、气温、相对湿度、空气流速以及采样者签字等作出详细记录，随样品一同报到实验室。

检验时应对检验日期、实验室、仪器和编号、分析方法、检验依据、实验条件、原始数据、测试人、校核人等作出详细记录。

8．测试结果和评价

测试结果以平均值表示，化学性、生物性和放射性指标平均值符合标准值要求时，为符合本标准。如有一项检验结果未达到本标准要求时，为不符合本标准。

要求年平均、日平均、8h平均值的参数，可以先做筛选采样检验。若检验结果符合标准值要求，为符合本标准。若筛选采样检验结果不符合标准值要求，必须按年平均、日平均、8h平均值的要求，用累积采样检验结果评价。

# 第三章　室内主要污染物的分析测试方法

## 第一节　无机污染物的测定

### 一、二氧化氮的测定——改进的 Saltzaman 法

1. 适用范围

居住区大气中二氧化氮检验标准方法　改进的 Saltzaman 法（GB 12372—1990）规定了用分光光度法测定居住区大气中二氧化氮的浓度。

适用于居住区大气中二氧化氮浓度的测定，也适用于室内和公共场所空气中二氧化氮浓度的测定。

2. 原理

空气中的二氧化氮，在采样吸收过程中生成的亚硝酸，与对氨基苯磺酰胺进行重氮化反应，再与 N—（1—萘基）乙二胺盐酸盐作用，生成紫红色的偶氮染料。根据其颜色的深浅，比色定量。

3. 试剂和材料

所有试剂均为分析纯，但亚硝酸钠应为优级纯（一级）。所用水为无 $NO_2$ 的二次蒸馏水。即一次蒸馏水中加少量氢氧化钡和高锰酸钾再重蒸馏，制的水的质量以不使吸收液呈淡红色为合格。

（1）N—（1—萘基）乙二胺盐酸储备液。称取 0.45gN—（1—萘基）乙二胺盐酸盐，溶于 500mL 水中。

（2）吸收液。称取 4.0g 对氨基苯磺酰胺、10g 酒石酸和 100mg 乙二胺四乙酸二钠盐，溶于 400mL 热的水中。冷却后，移入 1L 容量瓶中。加入 100mL N—（1—萘基）乙二胺盐酸盐储备液，混匀后，用水稀释到刻度。此溶液存放在 25℃暗处可稳定 3 个月，若出现淡红色，表示已被污染，应弃之重配。

（3）显色液。称取 4.0g 对氨基苯磺酰胺、10g 酒石酸与 100mg 乙二胺四乙酸二钠盐，溶于 400mL 热水中。冷却至室温，移入 500mL 容量瓶中，加入 90mgN—（1—萘基）乙二胺盐酸盐，用水稀释至刻度。显色液保存在暗处 25℃以下，可稳定 3 个月。如出现淡红色，表示已被污染，应弃之重配。

（4）亚硝酸钠标准溶液。

1）亚硝酸钠标准储备液。精确称量 375.0mg 干燥的一级亚硝酸钠和 0.2g 氢氧化钠，溶于水中移入 1L 容量瓶中，并用水稀释到刻度。此标准溶液 $NO_2^-$ 的浓度为 1.00mL 含 250$\mu$g$NO_2^-$ 保存在暗处，可稳定 3 个月。

2）亚硝酸钠标准工作液。精确量取亚硝酸钠标准储备液 10.00mL，于 1L 容量瓶中，用水稀释到刻度，此标准溶液 1.00mL 含 2.5μg$NO_2^-$。此溶液应在临用前配制。

（5）二氧化氮渗透管。购置经准确标定的二氧化氮渗透管，渗透率在 0.1～2μg/min，确定度为 2%。

4. 仪器与设备

（1）采样装置。

1）吸收管。根据采样周期不同，采用两种不同体积的吸收管。应按附录 A（补充件）检查吸收管的气泡分散是否均匀。在采样条件下，吸收效率不应小于 98%。多孔玻板吸收管，在测定范围内 $NO_2 \rightarrow NO_2^-$ 的经验转换系数为 0.89。若采用新设计的采样管，必须用已知浓度的标准气体测定其 $NO_2 \rightarrow NO_2^-$ 的经验转换系数，测定方法见附录 B（补充件）。

a. 多孔玻板吸收管：用于在 60min 之内样品采集，可装 10mL 吸收液。在流量 0.4 L/min时，吸收管的滤板阻力应为 4～5kPa，通过滤板后的气泡应分散均匀。

b. 大型多孔玻板吸收管：用于 1～24h 样品采集，可装吸收液 50mL，在流量 0.2 L/min时，吸收管的滤板阻力为 3～5kPa，通过滤板后的气泡应分散均匀。

2）空气采样器。流量范围为 0.2～0.5L/min，流量稳定。使用时，用皂膜计校准采样系列在采样前和采样后的流量，误差应小于 5%。

（2）分光光度计。用 10mm 比色皿，在波长 540～550nm 处测吸光度。

（3）渗透管配气装置。渗透管配制标准气体的装置参见《气体分析 校正用混合气体的制备渗透法》(GB 5275)。配气系统中流量误差应小于 2%。

5. 采样

（1）短时间采样（如 30min）。用多孔玻板吸收管，内装 10mL 吸收液。标记吸收液的液面位置，以 0.4L/min 流量，采气 5～25L。

（2）长时间采样（如 24h）。用大型多孔玻板吸收管，内装 50mL 吸收液。标记吸收液的液面位置，以 0.2L/min 流量，采气 288L。采样期间吸收管应避免阳光照射。样品溶液呈粉红色，表明已吸收了 $NO_2$。采样期间，可根据吸收液颜色程度，确定是否终止采样。

6. 分析步骤

（1）标准曲线的绘制。

1）用亚硝酸钠标准液制备标准曲线。

2）用二氧化氮标准气绘制标准曲线。

（2）样品分析。采样后，用水补充到采样前的吸收液体积，放置 15min，测定样品溶液的吸光度 $A$，并用未采过样的吸收液测定试剂空白的吸光度 $A_0$。若样品溶液吸光度超过测定范围，应用吸收液稀释后再测定。计算时，要考虑到样品溶液的稀释倍数。

7. 计算

（1）将来样体积按式（3.1）计算在标准状态下的采样体积

$$V_0 = V\frac{P}{P_0}\frac{T_0}{t+273} \tag{3.1}$$

式中 $V_0$——标准状况下的采样体积，L；

$V$——采样体积，由采样流量乘以采样时间而得，L；

$T_0$——标准状态的绝对温度，273K；

$P_0$——标准状态的大气压力，101.3kPa；

$P$——采样时的大气压力，kPa；

$t$——采样时的空气温度,℃。

（2）空气中的二氧化氮浓度计算。

1）用亚硝酸钠标准液制备标准曲线时，空气中二氧化氮浓度用式（3.2）计算

$$C=\frac{(A-A_0)B_sV_1D}{KV_0} \tag{3.2}$$

式中 $C$——空气中的二氧化氮浓度，mg/m$^3$；

$K$——$NO_2 \rightarrow NO_2^-$ 的经验转换系数，0.89；

$B_s$——由用亚硝酸钠标准液制备的标准曲线测得的计算因子，μg/(mL·吸光度)；

$A$——样品溶液的吸光度；

$A_0$——试剂空白吸光度；

$V_1$——采样用的吸收液的体积（如短时间采样为10mL，24h采样为50mL）；

$D$——分析时样品溶液的稀释倍数。

2）用二氧化氮标准气制备标准曲线时，空气中的二氧化氮浓度用式（3.3）计算

$$C=(A-A_0)B_gD \tag{3.3}$$

式中 $C$——空气中二氧化氮浓度，mg/m$^3$；

$A$——样品溶液吸光度；

$A_0$——试剂空白的吸光度；

$B_g$——由用二氧化氮标准气绘制的标准曲线得到的计算因子，mg/(m$^3$·吸光度)。

8. 精密度和准确度

（1）精密度。在0.07～0.7μg/mL范围内，用亚硝酸钠标准溶液制备的标准曲线的斜率，5个实验室重复测定的合并变异系数为5%；标准气的浓度为0.1～0.75 mg/m$^3$，重复测定的变异系数小于2%。

（2）准确度。流量误差不超过5%，吸收管采样效率不得低于98%，$NO_2 \rightarrow NO_2^-$ 的经验转换系数在测定范围同95%置信区间为0.89±0.01。

## 二、氨的检验方法

### （一）氨的检验方法——靛酚蓝分光光度法

1. 原理

空气中氨吸收在稀硫酸中，在亚硝基铁氰化钠及次氯酸钠存在的条件下，与水杨酸生成蓝绿色的靛酚蓝染料，根据着色深浅，比色定量。

2. 试剂和材料

本法所用的试剂均为分析纯，水为无氨蒸馏水，制备方法见附录A。

（1）吸收液[$C(H_2SO_4)$=0.005mol/L]。量取2.8ml浓硫酸加入水中，并稀释至1L。

临用时再稀释10倍。

（2）水杨酸溶液（50g/L）。称取10.0g水杨酸[$C_6H_4(OH)COOH$]和10.0g柠檬酸钠（$Na_3C_6O_7 \cdot 2H_2O$），加水约50mL，再加55mL氢氧化钠溶液[$C(NaOH)=2mol/L$]，用水稀释至200mL。此试剂稍有黄色，室温下可稳定1个月。

（3）亚硝基铁氰化钠溶液（10g/L）。称取1.0g亚硝基铁氰化钠[$Na_2Fe(CN)_5 \cdot NO \cdot 2H_2O$]，溶于100mL水中，贮于冰箱中可稳定1个月。

（4）次氯酸钠溶液[$C(CaClO)=0.05mol/L$]。取1mL次氯酸钠试剂原液，用碘量法标准定其浓度。然后用氢氧化钠溶液[$c(NaOH)=2mol/L$]称释成0.05mol/L的溶液。贮于冰箱中可保存两个月。

（5）氨标准溶液。

1）标准贮备液。称取0.3142g经105℃干燥1h的氯化铵（$NH_4Cl$），用少量水溶解，移入100mL容量瓶中，用浓度为0.005mol/L的硫酸吸收液稀释至刻度，此液1.00mL含1.00mg氨。

2）标准工作液。临用时，将标准贮备液用吸收液稀释成1.00mL含1.00μg氨。

3. 仪器与设备

（1）大型气泡吸收管。有10mL刻度线，出气口内径为1mm，与管底距离应为3～5mm。

（2）空气采样器。流量范围0～2L/min，流量稳定。使用前后，用皂膜流量计校准采样系统的流量，误差应小于±5%。

（3）具塞比色管。10mL。

（4）分光光度计。可测波长为697.5nm，狭缝小于20nm。

4. 采样

用一个内装10mL吸收液的大型气泡吸收管，以0.5L/min流量，采气5L，及时记录采样点的温度及大气压力。采样后，样品在室温下保存，于24h内分析。

5. 分析步骤

（1）标准曲线的绘制。取10mL具塞比色管7支，按表3.1制备标准系列管。

**表3.1** 氨标准系列

| 管号 | 1 | 2 | 3 | 4 | 5 | 6 | 7 |
|---|---|---|---|---|---|---|---|
| 标准工作液（mL） | 0.00 | 0.50 | 1.00 | 3.00 | 5.00 | 7.00 | 10.00 |
| 吸收液（mL） | 10.00 | 9.50 | 9.00 | 7.00 | 5.00 | 3.00 | 0 |
| 氨含量（μg） | 0 | 0.50 | 1.00 | 3.00 | 5.00 | 7.00 | 10.00 |

（2）在各管中加入0.50mL水杨酸溶液，再加入0.10mL亚硝基铁氰化钠溶液和0.10mL次氯酸钠溶液，混匀，室温下放置1h。用1cm比色皿，于波长697.5nm处，以水作参比，测定各管溶液的吸光度。以氨含量（μg）作横坐标，吸光度为纵坐标，绘制标准曲线，并用最小二乘法计算校准曲线的斜率、截距及回归方程。

$$Y=bX+a \tag{3.4}$$

式中 $Y$——标准溶液的吸光度；

$X$——氨含量，μg；

$a$——回归方程式的截距；

$b$——回归方程式斜率，吸光度/μg。

标准曲线斜率 $b$ 应为 0.081±0.003 吸光度/μg 氨。以斜率的倒数作为样品测定时的计算因子（$B_s$）。

（3）样品测定。将样品溶液转入具塞比色管中，用少量的水洗吸收管，合并，使总体积为 10mL。再按制备标准曲线的操作步骤测定样品的吸光度。在每批样品测定的同时，用 10mL 未采样的吸收液作试剂空白测定。如果样品溶液吸光度超过标准曲线范围，则可用试剂空白稀释样品显色液后再分析。计算样品浓度时，要考虑样品溶液的稀释倍数。

6. 结果计算

（1）将采样体积按式（3.5）换算成标准状态下的采样体积

$$V_0 = V_t \times \frac{T_0}{273+t} \times \frac{P}{P_0} \tag{3.5}$$

式中 $V_0$——标准状态下的采样体积，L；

$V_t$——采样体积，由采样流量乘以采样时间而得，L；

$T_0$——标准状态下的绝对温度，273K；

$P_0$——标准状态下的大气压力，101.3kPa；

$P$——采样时的大气压力，kPa；

$t$——采样时的空气温度，℃。

（2）空气中氨浓度按式(3.6) 计算

$$C(NH_3) = \frac{(A-A_0)B_s}{V_0} \tag{3.6}$$

式中 $C$——空气中氨浓度，mg/m³；

$A$——样品溶液的吸光度；

$A_0$——空白溶液的吸光度；

$B_s$——计算因子，μg/吸光度；

$V_0$——标准状态下的采样体积，L。

7. 结果分析

（1）测定范围。测定范围为 10mL 样品溶液中含 0.5～10μg 氨。按本法规定的条件采样 10min，样品可测浓度范围为 0.01～2mg/m³。

（2）灵敏度。10mL 吸收液中含有 1μg 的氨应有 0.081±0.003 吸光度。

（3）检测下限。检测下限为 0.5μg/10mL，若采样体积为 5L 时，最低检出浓度为 0.01mg/m³。

（4）干扰和排除。对已知的各种干扰物，本法已采取有效措施进行排除，常见的 $Ca^{2+}$、$Mg^{2+}$、$Fe^{3+}$、$Mn^{2+}$、$Al^{3+}$ 等多种阳离子已被柠檬酸络合；2μg 以上的苯胺有干扰，$H_2S$ 允许量为 30μg。

（5）方法的精密度。当样品中氨含量为 1.0μg/mL，5.0μg/mL，10.0μg/10mL，其变异系数分别为 3.1％，2.9％，1.0％，平均相对偏差为 2.5％。

(6) 方法的准确度。样品溶液加入 1.0，3.0，5.0，7.0μg 的氨时，其回收率为 95%～109%，平均回收率为 100%。

### (二) 氨的检验方法——纳氏试剂分光光度法

1. 原理

空气中氨吸收在稀硫酸中，与纳氏试剂作用生成黄色化合物，根据着色深浅，比色定量。

2. 试剂和材料

本法所用的试剂均为分析纯，水为无氨蒸馏水。制备方法见附录 A。

(1) 吸收液[$C(H_2SO_4=0.005mol/L)$]：量取 2.8mL 浓硫酸加入水中，并稀释至 1L。临用时再稀释 10 倍。

(2) 酒石酸钾钠溶液 (500g/L)：称取 50g 酒石酸钾钠 ($KNaC_4H_4O_6 \cdot 4H_2O$) 溶于 100mL 水中，煮沸，使约减少 20mL 为止，冷却后，再用水稀释至 100mL。

(3) 纳氏试剂：称取 17g 二氯化汞 ($HgCl_2$) 溶解 300mL 水中，另称取 35g 碘化钾 (KI) 溶解在 100mL 水中，然后将二氯化汞溶液缓慢加入到碘化钾溶液中，直至形成红色沉淀不溶为止。再加入 600mL 氢氧化钠溶液 (200g/L) 及剩余的二氯化汞溶液。将此溶液静置 1～2d，使红色混浊物下沉，将上清液移入棕色瓶中，或用 5 号玻璃砂芯漏斗过滤，用橡皮塞塞紧保存备用。此试剂几乎无色。纳氏试剂毒性较大，取用时必须十分小心，接触到皮肤时，应立即用水冲洗；含纳氏试剂的废液，应集中处理。

(4) 氨标准溶液。

1) 标准贮备液：称取 0.3142g 经 105℃干燥 1h 的氯化铵 ($NH_4Cl$)，用少量水溶解，移入 100mL 容量瓶中，用吸收液稀释至刻度。此溶液 1.00mL 含 1.00μg 氨。

2) 标准工作液：临用时，将标准贮备液用吸收液稀释成 1.00mL 含 2.00μg 氨。

3. 仪器设备

(1) 大型气泡吸收管。有 10mL 刻度线。

(2) 空气采样器。流量范围 0～2L/min，流量稳定。使用前后，用皂膜流量计校准采样系统的流量，误差应小于±5%。

(3) 具塞比色管。10ml。

(4) 分光光度计。可测波长为 45nm，狭缝小于 20nm。

4. 采样

用一个内装 10mL 吸收液的大型气泡吸收管，以 0.5L/min 流量，采气 5L，及时记录采样点的温度及大气压力。采样后，样品在室温下保存，于 24h 内分析。

5. 分析步骤

(1) 标准曲线的绘制。取 10mL 具塞比色管 7 支，如表 3.2 制备标准系列管。

**表 3.2　　氨标准系列**

| 管号 | 1 | 2 | 3 | 4 | 5 | 6 | 7 |
|---|---|---|---|---|---|---|---|
| 标准工作液 (mL) | 1.00 | 1.00 | 2.00 | 4.00 | 6.00 | 8.00 | 10.00 |
| 吸收液 (mL) | 10.00 | 9.00 | 8.00 | 6.00 | 4.00 | 2.00 | 0 |
| 氨含量 (μg) | 0 | 0.50 | 4.00 | 8.00 | 12.00 | 16.00 | 20.00 |

在各管中加入0.1mL酒石酸钾钠溶液，再加入0.5mL纳氏试剂，混匀，室温下放置10min。用1cm比色皿，于波长425nm处，以水作参比，测定吸光度。以氨含量（μg）作横坐标，吸光度为纵坐标，绘制标准曲线，并用最小二乘法计算标准曲线的斜率、截距及回归方程

$$Y=bX+a \tag{3.7}$$

式中 $Y$——标准溶液的吸光度；

$X$——氨含量，μg；

$a$——回归方程式的截距；

$b$——回归方程式斜率，吸光度/μg。

标准曲线斜率 $b$ 应为0.014±0.002吸光度/μg氨。以斜率的倒数作为样品测定时的计算因子（$B_s$）。

（2）样品测定。将样品溶液转入具塞比色管中，用少量的水洗吸收管，洗液加入具塞比色管中，使总体积为10mL。再按制备校准曲线的操作步骤测定样品的吸光度。在每批样品测定的同时，用10mL未采样的吸收液作试剂空白测定。如果样品溶液吸光度超过标准曲线范围，则可用试剂空白稀释样品显色液后再分析。计算样品浓度时，要考虑样品溶液的稀释倍数。

6. 结果计算

（1）将采样体积按式（3.1）换算成标准状态下的采样体积。

（2）空气中氨浓度按式（3.8）计算

$$C=\frac{(A-A_0)B_sD}{V_0} \tag{3.8}$$

式中 $C$——空气中氨浓度，$mg/m^3$；

$A$——样品溶液的吸光度；

$A_0$——空白溶液的吸光度；

$B_s$——计算因子，μg/吸光度；

$V_0$——标准状态下的采样体积，L。

7. 结果分析

（1）测定范围。定范围为10mL样品溶液中含2～20μg氨。按本法规定的条件采样10min，样品可测浓度范围为0.4～4$mg/m^3$。

（2）灵敏度。10mL吸收液中含有2μg的氨应有0.027±0.002吸光度。

（3）检测下限。检测下限为2μg/10mL，若采样体积为5L时，最低检出浓度为0.4$mg/m^3$。

（4）干扰和排除。对已知的各种干扰物，本法已采取有效措施进行排除，常见的$Ca^{2+}$、$Mg^{2+}$、$Fe^{3+}$、$Mn^{2+}$、$Al^{3+}$等多种离子低于10μg不干扰。$H_2S$的允许量为5μg，甲醛为2μg，丙酮和芳香胺也有干扰，但样品中少见。

（5）方法的精密度。当样品中氨含量为6.5μg，10.0μg，15.0μg时，其变异系数分别为8.4%，5.9%，3.9%，平均相对偏差为6.3%。

（6）方法的准确度。样品溶液加入2.0μg，5.0μg，10.0μg的氨时，其回收率为

95.2%～111.8%，平均回收率为101.8%。

## 三、二氧化硫的测定

### （一）甲醛副玫瑰苯胺分光光度法（GB/T 15262—94）

1. 主题内容与适用范围

（1）主题内容。本标准规定了甲醛副玫瑰苯胺分光光度法测定环境空气中的二氧化硫。

（2）适用范围。

1）本标准适用于环境空气中二氧化硫的测定。

2）测定下限。当用10mL吸收液采样30L时，本法测定下限为0.007mg/$m^3$；当用50mL吸收液连续24h采样300L时，空气中二氧化硫的测定下限为0.003mg/$m^3$。

3）干扰与消除。主要干扰物为氮氧化物、臭氧及某些重金属元素。样品放置一段时间可使臭氧自动分解；加入氨磺酸钠溶液可消除氮氧化物的干扰；加入CDTA可以消除或减少某些金属离子的干扰。在10mL样品中存在50μg钙、镁、铁、镍、镉、铜等离子及5μg二价锰离子时，不干扰测定。

2. 原理

二氧化硫被甲醛缓冲溶液吸收后，生成稳定的羟甲基磺酸加成化合物。在样品溶液中加入氢氧化钠使加成化合物分解，释放出二氧化硫与副玫瑰苯胺、甲醛作用，生成紫红色化合物，用分光光度计在577nm处进行测定。

3. 试剂

除非另有说明，通常分析时均使用符合国家标准的分析纯试剂和蒸馏水或同等纯度的水。

（1）氢氧化钠溶液，C(NaOH)=1.5mol/L。

（2）环已二胺四乙酸二钠溶液，C(CDTA—2Na)=0.05mol/L。

称取1.82g反式1，2—环已二胺四乙酸，简称CDTA，加入氢氧化钠溶液6.5mL，用水稀释至100mL。

（3）甲醛缓冲吸收液贮备液。吸取36%～38%的甲醛溶液5.5mL，CDTA—2Na溶液20.00mL；称取2.04g邻苯二甲酸氢钾，溶于小量水中；将三种溶液合并，再用水稀释至100mL，贮于冰箱可保存1年。

（4）甲醛缓冲吸收液。

用水将甲醛缓冲吸收液贮备液稀释100倍而成。临用现配。

（5）氨磺酸钠溶液。

称取0.60g氨磺酸（$H_2NSO_3H$）置于100mL容量瓶中，加入4.0mL氢氧化钠溶液，用水稀释至标线，摇匀。此溶液密封保存可用10d。

（6）碘贮备液，$C\left(\frac{1}{2}I_2\right)=0.1mol/L$。

称取12.7g碘（$I_2$）于烧杯中，加入40g碘化钾和25mL水，搅拌至完全溶解，用水稀释至1000mL，贮存于棕色细口瓶中。

(7) 碘溶液，$C\left(\frac{1}{2}I_2\right)=0.05mol/L$。

量取碘贮备液 250mL，用水稀释至 500mL，贮于棕色细口瓶中。

(8) 淀粉溶液。称取 0.5g 可溶性淀粉，用少量水调成糊状，慢慢倒入 100mL 沸水中，继续煮沸至溶液澄清，冷却后贮于试剂瓶中。临用现配。

(9) 碘酸钾标准溶液，$C(1/6KIO_3)=0.1000mol/L$。称取 3.5667g 碘酸钾（$KIO_3$ 优级纯，经 110℃干燥 2h）溶于水，移入 1000ml 容量瓶中，用水稀释至标线，摇匀。

(10) 盐酸溶液。

(11) 硫代硫酸钠贮备液，$C(Na_2S_2O_3)=0.10mol/L$。称取 25.0g 硫代硫酸钠（$Na_2S_2O_3\cdot 5H_2O$），溶于 1000mL 新煮沸但已冷却的水中，加入 0.2g 无水碳酸钠，贮于棕色细口瓶中，放置一周后备用。如镕液呈现混浊，必须过滤。

(12) 硫代硫酸钠标准溶液，$C(Na_2S_2O_3)=0.05mol/L$。取 250mL 硫代硫酸钠贮备液置于 500mL 容量瓶中，用新煮沸但已冷却的水稀释至标线，摇匀。

标定方法：吸取 3 份 10.00mL 碘酸钾标准溶液分别置于 250mL 碘量瓶中，加 70mL 新煮沸但已冷却的水，加 1g 碘化钾，振摇至完全溶解后，加 10mL 盐酸溶液，立即盖好瓶塞，摇匀。于暗处放置 5min 后，用硫代硫酸钠标准溶液滴定溶液至浅黄色，加 2mL 淀粉溶液，继续滴定溶液至蓝色刚好褪去为终点。硫代硫酸钠标准溶液的浓度按式（3.9）计算

$$C=\frac{0.1000\times 10.00}{V} \tag{3.9}$$

式中 $C$——硫代硫酸钠标准溶液的浓度，mol/L；

$V$——滴定所耗硫代硫酸钠标准溶液的体积，mL。

(13) 乙二胺四乙酸二钠盐（EDTA）溶液，0.05g/100mL。称取 0.25gEDTA $[-CH_2N(CH_2COONa)CH_2COOH]_2\cdot H_2O$ 溶于 500mL 新煮沸但已冷却的水中。临用现配。

(14) 二氧化硫标准溶液。称取 0.200g 亚硫酸钠（$Na_2SO_3$），溶于 200mLEDTA·2Na 溶液中，缓缓摇匀以防充氧，使其溶解。放置 2～3h 后标定。此溶液每毫升相当于 320～400μg 二氧化硫。

标定方法：吸取三份 20.00mL 二氧化硫标准溶液，分别置于 250mL 碘量瓶中，加入 50mL 新煮沸但已冷却的水，20.00mL 碘溶液及 1mL 冰乙酸，盖塞，摇匀。于暗处放置 5min 后，用硫代硫酸钠标准溶液滴定溶液至浅黄色，加入 2mL 淀粉溶液，继续滴定至溶液蓝色刚好褪去为终点。记录滴定硫代硫酸钠标准溶液的体积 V，mL。

另吸取三份 EDTA—2Na 溶液 20mL，用同法进行空白试验。记录滴定硫代硫酸钠标准溶液的体积 $V_0$，mL。

平行样滴定所耗硫代硫酸钠标准溶液体积之差应不大于 0.04mL。取其平均值。二氧化硫标准溶液浓度按式（3.10）计算

$$C=\frac{(V_0-V)\times C(Na_2S_2O_3)\times 32.02}{20.00}\times 1000 \tag{3.10}$$

式中 $C$——二氧化硫标准溶液的浓度，μg/mL；

$V_0$——空白滴定所耗硫代硫酸钠标准溶液的体积，mL；

$V$——二氧化硫标准溶液滴定所耗硫代硫酸钠标准溶液的体积，mL；

$C(Na_2S_2O_3)$——硫代硫酸钠标准溶液的浓度，mol/L；

32.02——二氧化硫（$1/2SO_2$）的摩尔质量。

标定出准确浓度后，立即用吸收液稀释为每毫升含 10.00μg 二氧化硫的标准溶液贮备液，临用时再用吸收液稀释为每毫升含 1.00μg 二氧化硫的标准溶液。在冰箱中 5℃保存。10.00μg/mL 的二氧化硫标准溶液贮备液可稳定 6 个月；1.00μg/mL 的二氧化硫标准溶液可稳定 1 个月。

（15）副玫瑰苯胺（简称 PRA，即副品红，对品红）贮备液，0.20g/100mL。其纯度应达到质量检验的指标，见下文副玫瑰苯胺提纯及质量检验方法。

（16）PRA 溶液，0.05g/100mL。

吸取 25.00mLPRA 贮备液于 100mL 容量瓶中，加 30mL85%的浓磷酸，12mL 浓盐酸，用水稀释至标线，摇匀，放置过夜后使用。避光密封保存。

4. 仪器与设备

除一般通用化学分析仪器外，还应具备以下仪器。

（1）分光光度计（可见光波长 380～780nm）。

（2）多孔玻板吸收管 10mL，用于短时间采样。多孔玻板吸收瓶 50mL，用于 24h 连续采样。

（3）恒温水浴器。广口冷藏瓶内放置圆形比色管架，插一支长约 150mm，0～40℃的酒精温度计，其误差应不大于 0.5℃。

（4）具塞比色管。规格为 10mL。

（5）空气采样器。用于短时间采样的普通空气采样器，流量范围 0～1L/min。用于 24h 连续采样的采样器应具有恒温、恒流、计时、自动控制仪器开关的功能。流量范围 0.2～0.3L/min。

各种采样器均应在采样前进行气密性检查和流量校准。吸收器的阻力和吸收效率应满足技术要求。

5. 采样及样品保存

（1）短时间采样。根据空气中二氧化硫浓度的高低，采用内装 10mL 吸收液的 U 形多孔玻板吸收管，以 0.5L/min 的流量采样。采样时吸收液温度的最佳范围在 23～29℃。

（2）24h 连续采样。用内装 50mL 吸收液的多孔玻板吸收瓶，以 0.2～0.3L/min 的流量连续采样 24h。吸收液温度须保持在 23～29℃范围。

（3）放置在室（亭）内的 24h 连续采样器，进气口应连接符合要求的空气质量集中采样管路系统，以减少二氧化硫气样进入吸收器前的损失。

（4）样品运输和储存过程中，应避光保存。

6. 分析步骤

（1）校准曲线的绘制。取 14 支 10mL 具塞比色管，分 A、B 两组，每组 7 支，分别对应编号。A 组按表 3.3 配制校准溶液系列。

表 3.3 A级校准溶液组分及含量

| 管号 | 0 | 1 | 2 | 3 | 4 | 5 | 6 |
|---|---|---|---|---|---|---|---|
| 二氧化硫标准溶液（mL） | 0 | 0.50 | 1.00 | 2.00 | 5.00 | 8.00 | 10.00 |
| 甲醛缓冲吸收液（mL） | 10.00 | 9.50 | 9.00 | 8.00 | 5.00 | 2.00 | 0 |
| 二氧化硫含量（μg） | 0 | 0.50 | 1.00 | 2.00 | 5.00 | 8.00 | 10.00 |

B组各管加入1.00mLPRA溶液，A组各管分别加入0.5mL氨磺酸钠溶液和0.5mL氢氧化钠溶液，混匀。再逐管迅速将溶液全部倒入对应编号并盛有PRA溶液的B管中，立即具塞混匀后放入恒温水浴中显色。显色温度与室温之差应不超过3℃，根据不同季节和环境条件按表3.4选择显色温度与显色时间。

表 3.4 显色温度与显色时间

| 显色温度（℃） | 10 | 15 | 20 | 25 | 30 |
|---|---|---|---|---|---|
| 显色时间（min） | 40 | 25 | 20 | 15 | 5 |
| 稳定时间（min） | 35 | 25 | 20 | 15 | 10 |
| 试剂空白吸收光度 $A_0$ | 0.03 | 0.035 | 0.04 | 0.05 | 0.06 |

在波长557nm处，用1cm比色皿，以水为参比溶液测量吸光度。

用最小二乘法计算校准曲线的回归方程

$$Y=bX+a \tag{3.11}$$

式中 $Y$——（$A-A_0$）校准溶液吸光度 $A$ 与试剂空白吸光度 $A_0$ 之差；

$X$——二氧化硫含量，μg；

$b$——回归方程的斜率，由斜率倒数求得校正因子；

$a$——回归方程的截距（一般要求小于0.005）。

本标准的校准曲线斜率为0.044±0.002，试剂空白吸光度 $A_0$ 在显色规定条件下波动范围不超过±15%。

正确掌握本标准的显色温度、显色时间，特别在25～30℃条件下，严格控制反应条件是实验成败的关键。

（2）样品测定。

1）样品溶液中如有混浊物。则应离心分离除去。

2）样品放置20min，以使臭气分解。

3）短时间采样。将吸收管中样品溶液全部移入10mL比色管中，用吸收液稀释至标线，加0.5mL氨磺酸钠溶液、混匀，放置10min以除去氮氧化物的干扰，以下步骤同校准曲线的绘制。

如样品吸光度超过校准曲线上限，则可用试剂空白溶液稀释，在数分钟内再测量其吸光度，但稀释倍数不要大于6。

4）连续24h采样。将吸收瓶中样品溶液移入50mL容量瓶（或比色管）中，用少量吸收溶液洗涤吸收瓶，洗涤液并入样品溶液中，再用甲醛缓冲吸收液稀释至标线。吸取适量样品溶液（视浓度高低而决定取2～10mL）于10mL比色管中，再用甲醛缓冲吸收液稀释至标线，加 0.5mL 氨磺酸钠溶液，混匀，放置 10min 以除去氮氧化物的干扰，以下步骤同校准曲线。

7. 结果表示

（1）计算空气中二氧化硫的浓度按式（3.12）计算

$$C(SO_2, mg/m^3) = \frac{(A_0 - A) \times B_s}{V_s} \times \frac{V_t}{V_a} \quad (3.12)$$

式中 $A$——样品溶液的吸光度；

$A_0$——试剂空白溶液的吸光度；

$B_s$——校正因子，$\mu g \cdot SO_2/12mL/A$；

$V_t$——样品溶液总体积，mL；

$V_a$——测定时所取样品溶液体积，mL；

$V_s$——换算成标准状况下（0℃，101.325kPa）的采样体积，L。

二氧化硫浓度计算结果应准确到小数点后第 3 位。

（2）精密度和准确度。10 个实验室对含二氧化硫浓度为 0.101μg/mL 和 0.515μg/mL的统一样品进行了测定。

1）精密度。重复性相对标准偏差分别小于 3.5%和 1.4%。再现性相对标准偏差分别小于 6.2%和 3.8%。

2）准确度。准确度用实际样品加标回收率衡量。105 个浓度在 0.01～1.70μg/mL 的实际样品的加标回收率为 96.8%～108.2%。

**（二）副玫瑰苯胺提纯及质量检验方法**

1. 试剂提纯方法

取正丁醇和 1mol/L 盐酸溶液各 500mL，放入 1000mL 分液漏斗中盖塞振动 3min，使其互溶达到平衡，静置 15min，待完全分层后，将下层水相（盐酸溶液）和上层有机相（正丁醇）分别转入试剂瓶中。称取 0.100g 副玫瑰苯胺放入小烧杯中，加平衡过的 1mol/L 盐酸溶液 40mL，用玻璃棒搅拌至完全溶解后，转入 250mL 分液漏斗中，再用平衡过的正丁醇 80mL 分数次洗涤小烧杯，洗液并入分漏斗中。盖塞，振摇 3min，静置 15min，待完全分层后，将下层水相转入另一 250mL 分液漏斗中，再加入 80mL 平衡过的正丁醇，按上述操作萃取。按此操作每次用 40mL 平衡过的正丁醇重复萃取 9～10 次后，将下层水相滤入 50mL 容量瓶中，并用 1mol/L 盐酸溶液稀释至标线，混匀。副玫瑰苯胺（Pararosaniline，简称 PRA，即副品红，对品红）浓度约为 0.20%，呈橘黄色。

2. 试剂质量检验方法

（1）贮备液的检验。吸取 1.00mL 副玫瑰苯胺贮备液于 100mL 容量瓶中，用水稀释至标线，摇匀。取此稀释液 5.00mL 于 50mL 容量瓶中，加 5.00mL 的 1.0mol/L 乙酸—乙酸钠溶液［称取 13.6g 乙酸钠（$CH_3COONa \cdot 3H_2O$），溶于水，移入 100mL 容量瓶中，加 5.7mL 冰乙酸，用水稀释至标线，摇匀。此溶液 pH 为 4.7。］，用水稀释至标线，摇匀，1h 后测量光谱吸收曲线，在波长 540nm 处有最大吸收峰。

（2）使用液的检验。用 0.20g/100mLPRA 贮备液配制的 0.05g/100mLPRA 溶液绘制校准曲线时，在波长 577nm 处，用 1cm 比色皿，测量试剂空白溶液的吸光度应不超过以下数据：0.03A（10℃），0.04A（20℃），0.05A（25℃），0.06A（30℃）。

在给定条件下，校准曲线的斜率为0.044±0.002A/μg·$SO_2$/12mL。

## 四、二氧化碳的测定

### （一）不分光红外线气体分析法

1. 原理

二氧化碳对红外线具有选择性的吸收。在一定范围内，吸收值与二氧化碳含量呈线性关系。根据吸收值确定样品中二氧化碳的含量。

2. 试剂和材料

（1）变色硅胶。于120℃下干燥2小时。

（2）无水氯化钙。分析纯。

（3）高纯氮气。纯度99.99％。

（4）烧碱石棉。分析纯。

（5）塑料铝箔复合薄膜采气袋0.5L或1.0L。

（6）二氧化碳标准气体（0.5％）。贮于铝合金钢瓶中，参照气体分析—校准用混合气体的制备—称量法（GB/T 5274—2008）。

3. 仪器和设备

（1）二氧化碳不分光红外线气体分析仪。主要性能指标如下。

1）测量范围。0～0.5％和0～1.5％两挡。

2）重现性。不大于±1％满刻度。

3）零点漂移。不大于±3％满刻度/4h。

4）跨度漂移。不大于±3％满刻度/4h。

5）温度附加误差。（在10～80℃）不大于±2％满刻度/10℃。

6）一氧化碳干扰。1000mL/$m^3$（1000ppm）CO≤±10％～15％≤±2％满刻度。

7）启动时间。启动时间为30min。

8）抽气流量。抽气流量大于0.5L/min。

9）响应时间。指针指示到满刻度的90％的时间小于15s。

（2）记录仪。量程为0～10mV。

4. 采样

用塑料铝箔复合薄膜采气袋，抽取现场空气，冲洗3～4次，采气0.5L或0.1L，密封进气口，带回实验室分析。也可以将仪器带到现场间歇进样，或连续测定空气中二氧化碳含量。

5. 分析步骤

（1）仪器的启动和校准。

1）启动和零点校准。仪器接通电源后，稳定30min～1h，将高纯氮气或空气经干燥管和烧碱石棉过滤管后，进行零点校准。

2）终点校准。用二氧化碳标准气（如0.5％）连接在仪器进样口，进行终点刻度校准。

3）零点与终点校准重复2～3次，使仪器处在正常工作状态。

（2）样品测定。将内装空气样品的塑料铝箔复合薄膜采气袋接在装有变色硅胶或无水氯化钙的过滤器和仪器的进气口，样品被自动抽到气室中，表头指出二氧化碳的含量（%）。

如果将仪器带到现场，可间歇进样测定。仪器接上记录仪表，可长期监测空气中二氧化碳含量。

6. 结果计算

仪器的刻度指示经过标准气体校准过的，样品中二氧化碳的含量，由表头直接读出。

7. 结果分析

（1）测量范围。0～0.5%和0～1.5%两挡。

（2）检出下限。最低检出含量为0.01%。

（3）干扰和排除。环境空气中非待测组分，如甲烷，一氧化碳水蒸气等能影响测定结果。由于在透过红外线的窗口，安装了红外线滤光片，它的波长426nm，二氧化碳对该波长有强烈的吸收；而一氧化碳和甲烷等气体不吸收。因此，一氧化碳和甲烷的干扰可以忽略不计。但水蒸气对测定二氧化碳有干扰，它可以使气室反射率下降，从而使仪器灵敏度降低，影响测定结果的准确性，因此，必须使空气样品经干燥后，再进入仪器。

（4）重现性。重现性小于2%，漂移小时小于6%。

（5）准确度。准确度取决于标准气的不确定度（小于2%）和仪器的确定性误差（小于6%）。

**（二）气相色谱法**

1. 原理

二氧化碳在色谱柱中与空气的其他成分完全分离后，进入热导检测器的工作臂，使该臂电阻值的变化与参与臂电阻值变化不相等，惠斯登电桥失去平衡而产生信号输出。在线性范围内，信号大小与进入检测器的二氧化碳含量成正比，从而进行定性与定量测定。

2. 试剂

（1）二氧化碳标准气。含量1%（铝合金钢瓶装），以氮气作本底气。

（2）高分子多孔聚合物。GDX—102，60～80目，作色谱固定相。

（3）纯氮气。纯度99.99%。

3. 仪器与设备

（1）气相色谱仪。气相色谱仪配备有热导检测器的气相色谱仪。

（2）注射器。注射器型号包括2mL，5mL，10mL，20mL，50mL，100mL，体积误差小于±1%。

（3）塑料铝箔复合膜采样袋容积。400～600mL。

（4）色谱柱。长3m内径4mm不锈钢管内填充GDX—102高分子多孔聚合物，柱管两端填充玻璃棉。新装的色谱柱在使用前，应在柱温180℃，通氮气70mL/min条件下，老化12h，直至基线稳定为止。

4. 采样

用橡胶二连球将现场空气打入塑铝复合膜采气袋，使之胀满后放掉。如此反复4次，最后一次打满后，密封进样口，并写上标签，注明采样地点和时间等。

5. 分析步骤

（1）色谱分析条件。由于色谱分析条件常因实验条件不同而有差异，所以应根据所用气相色谱仪的型号和性能，制定能分析二氧化碳的最佳的色谱分析条件。

（2）绘制标准曲线和测定校正因子。在做样品分析时的相同条件下，绘制标准曲线或测定校正因子。

1）配制标准气。在5支100mL注射器内，分别注入1%二氧化碳标准气体，2mL、4mL、8mL、16mL、32mL，再用纯氮气稀释至100mL，所得含量为0.02%、0.04%、0.08%、0.16%和0.32%的气体，另取纯氮气作为零含量气体。

2）绘制标准曲线。每个含量的标准气体，分别通过色谱仪的六通进样阀，量取3mL进样，得到各个含量的色谱峰和保留时间。每个含量作3次，测量色谱峰高的平均值。以一氧化碳的含量（%）对平均峰高（mm）绘制标准曲线，并计算回归线的斜率，以斜率的倒数 $B_g$（%/mm）作样品测定的计算因子。

3）测定校正因子。用单点校正法求校正因子。取与样品空气含一氧化碳含量相接近的标准气体。测量色谱峰的平均峰高和保留时间。用式（3.13）计算校正因子

$$f=\frac{C_0}{h_0} \tag{3.13}$$

式中 $f$——校正因子，%/mm；

$C_0$——标准气体含量，%；

$h_0$——平均峰高，mm。

（3）样品分析。通过色谱仪六通进样阀进样品空气3mL，保留时间定性，测量二氧化碳的峰高。每个样品作3次分析，求峰高的平均值，并记录分析时的气温和大气压力。高含量样品用纯氮气稀释至小于0.3%再分析。

6. 结果计算

（1）用标准曲线法查标准曲线定量，或用式（3.14）计算含量

$$C=hB_s \tag{3.14}$$

式中 $C$——样品空气中二氧化碳含量，%；

$h$——样品峰高的平均值，mm；

$B_s$——计算因子，%/mm。

（2）用校正因子按式（3.15）计算含量

$$C=h\times f \tag{3.15}$$

式中 $C$——样品的空气中二氧化碳含量，%；

$h$——样品峰高的平均值，mm；

$f$——校正因子，%/mm。

7. 结果分析

（1）测定范围。进样3mL时，测定含量范围是0.02%～0.6%。

（2）检出下限。进样3mL时，最低检出含量为0.014%。

（3）干扰和排除。由于采用了气相色谱分离技术，空气、甲烷、氨、水和二氧化碳等

均不干扰测定。

（4）重现性。二氧化碳含量在 0.1%～0.2%时，重复测定的变异系数为 3%～5%。

（5）回收率。二氧化碳含量在 0.02%～0.4%，回收率为 95%～105%，平均回收率为 99%。

### （三）容量滴定法

1. 原理

用过量的氢氧化钡溶液与空气中二氧化碳作用生成碳酸钡沉淀，采样后剩余的氢氧化钡用标准草酸溶液滴至酚酞试剂红色刚褪。由容量法滴定结果和所采集的空气体积，即可测得空气中二氧化碳的含量。

2. 试剂和材料

（1）吸收液。

1）稀吸收液（用于空气二氧化碳含量低于 0.15%时采样）。称取 1.4g 氢氧化钡（$Ba(OH)_2 \cdot 8H_2O$）和 0.08g 氯化钡（$BaCl_2 \cdot 2H_2O$）溶于 800mL 水中，加入 3mL 正丁醇，摇匀，用水稀释至 1000mL。

2）浓吸收液（用于空气二氧化碳含量在 0.15%～0.5%时采样）。称取 2.8g 氢氧化钡（$Ba(OH)_2 \cdot 8H_2O$）和.0.16g 氯化钡（$BaCl_2 \cdot 2H_2O$）溶于 800mL 水中，加入 3mL 正丁醇，摇匀，用水稀释至 1000mL。

（2）草酸标准溶液。称取 0.5637g 草酸（$H_2C_2O_4 \cdot 2H_2O$），用水溶解并稀释至 1000mL。此溶液 1mL 相当于标准状况（0℃，101.325kPa）下 0.1mL 二氧化碳。

（3）酚酞指示剂。

（4）正丁醇。

（5）纯氮气（纯度 99.99%）或经碱石灰管除去二氧化碳后的空气。

3. 仪器和设备

（1）恒流采样器。流量范围 0～1L/min，流量稳定、可调恒流误差小于 2%；采样前和采样后用皂膜流量计校准采样系统的流量，误差不大于 5%。

（2）吸收管。吸收液为 50mL，当流量为 0.3L/min 时，吸收管多孔板阻力为 392.27～490.33Pa。

（3）酸式滴定管。型号为 50mL。

（4）碘量瓶。型号为 125mL。

4. 采样

取一个吸收管（事先应充氮或充入经钠石灰处理的空气），加入 50mL 氢氧化钡吸收液，以 0.3L/min 流量，采样 5～10min。采样前后，吸收管的进、出气口均用乳胶管连接以免空气进入。

5. 分析步骤

采样后，吸收管送实验室，取出中间砂芯管，加塞静置 3h，使碳酸钡沉淀完全，吸取上清液 25mL 于碘量瓶中（碘量瓶事先应充氮或充入经碱石灰处理的空气），加入 2 滴酚酞指示剂，用草酸标准液滴定至溶液的着色由红色变为无色，记录所消耗的草酸标准溶液的体积（mL）。同时吸取 25mL 未采样的氢氧化钡吸收液作空白滴定，记录所消耗的草酸标准溶液的体积（mL）。

6. 结果计算

(1) 将采样体积按公式（3.16）换算成标准状态下采样体积

$$V_0=V_t\frac{T_0}{273+t}\frac{P}{P_0} \tag{3.16}$$

式中 $V_0$——标准状态下的采样体积，L；

$V_t$——采样体积，L；

$t$——采样点的气温，℃；

$T_0$——标准状态下的绝对温度，273K；

$P$——采样点的大气压力，kPa；

$P_0$——标准状态下的大气压力 101kPa。

(2) 空气中二氧化碳含量按式（3.17）计算

$$C=20\times\frac{b-a}{V_0} \tag{3.17}$$

式中 $C$——空气中二氧化碳含量，%；

$a$——样品滴定所用草酸标准溶液体积，mL；

$b$——空白滴定所用草酸标准溶液体积，mL；

$V_0$——换算成标准状况下的采样体积，L。

7. 结果分析

(1) 测定范围。当采样体积为 5L 时，可测含量范围 0.001%～0.5%。

(2) 灵敏度。样品溶液每消耗 1mL 标准草酸溶液，相当于 0.1mL 二氧化碳（标准状况 0℃，101.325kPa）。

(3) 检出下限。当采样体积为 5L 时，检出含量为下限 0.001%。

(4) 干扰及排除。空气中二氧化硫、氮氧化物及醋酸等酸性气体对本法的吸收液产生中和反应，但一般环境空气中二氧化碳含量在 500mg/m$^3$ 以上，相比之下，空气中上述酸性气体含量要低得多。即使空气中二氧化硫含量超过 0.15mg/m$^3$ 的 100 倍，并假设它全部转变为硫酸，对本法所起的干扰尚不到 5%。

(5) 精密度和准确度。对含二氧化碳 0.04%～0.27%的标准气体的回收率为 97%～98%，重复测定的变异数为 2%～4%。

## 五、室内空气中一氧化碳的测定

### （一）不分光红外线气体分析法

1. 原理

一氧化碳对不分光红外线具有选择性的吸收。在一定范围内，吸收值与一氧化碳含量呈线性关系。根据吸收值确定样品中一氧化碳的含量。

2. 试剂和材料

(1) 变色硅胶。将变色硅胶于 120℃下干燥 2h。

(2) 无水氯钙。分析纯。

(3) 高纯氮气。高纯氮气的纯度 99.99%。

（4）霍加拉特（Hopcalite）氧化剂。10～20 目颗粒。霍加拉特氧化剂主要成分为氧化锰（MnO）和氧化铜（CuO），它的作用是将空气中的一氧化碳氧化成二氧化碳，用于仪器调零。此氧化剂在 100℃以下的氧化效率应达到 100%。为保证其氧化效率，在使用存放过程中应保持干燥。

（5）一氧化碳标准气体。将一氧化碳标准气体贮于铝合金瓶中。

3. 仪器和设备

（1）一氧化碳不分光红外线气体分析仪。

1）仪器主要性能指标如下。

a. 测量范围。0～30ppm 和 0～100ppm 两挡。

b. 重现性。小于 0.5%（满刻度）。

c. 零点漂移。小于±2%满刻度 4h。

d. 跨度漂移。不大于±2%满刻度 4h。

e. 线性偏差。不大于±1.5%满刻度。

f. 启动时间。30min～1h。

g. 抽气流量。0.5L/min 左右。

h. 响应时间。指针指示或数字显示到满刻的 90%小于 15s。

2）记录仪。量程为 0～10mV。

4. 采样

用聚乙烯薄膜采气袋，抽取现场空气冲洗 3～4 次，采气 0.5L 或 1.0L，密封进气口，带回实验室分析。也可以将仪器带到现场间歇进样，或连续测定空气中一氧化碳含量。

5. 分析步骤

（1）仪器的启动和校准。

1）启动的零点校准。仪器接通电源稳定 30min～1h 后，用高纯氮气或空气经霍加拉特氧化管和干燥管进入仪器进气口，进行零点校准。

2）终点校准。用一氧化碳标准气进入仪器进样口，进行终点刻度校准。

3）零点与终点校准重复 2～3 次，使仪器处于正常工作状态。

（2）样品测定。将空气样品的聚乙烯薄膜采气袋接在装有变色硅胶或无水氯化钙的过滤器和仪器的进气口处相连接，样品被自动抽到气室中，表头指出一氧化碳的含量。如果仪器带到现场使用，可直接测定现场空气中一氧化碳的含量。仪器接上记录仪表，可长期监测空气中一氧化碳含量。

6. 结果计算

一氧化碳体积含量（ppm），可按式（3.18）换算成标准状态下质量含量 $mg/m^3$。

$$C_1=\frac{28\times C_2}{B} \tag{3.18}$$

式中　$C_1$——标准状态下质量含量，$mg/m^3$；

$C_2$——氧化碳体积含量，ppm；

$B$——标准状态下的气体摩尔体积，当 0℃（101kPa）时，$B=22.41$，当 25℃（101kPa）时，$B=24.46$；

28——氧化碳分子量。

7. 结果分析

(1) 测量范围。测量范围为 0～30ppm（0～37.5mg/$m^3$）；0～100ppm（0～125mg/$m^3$）两挡。

(2) 检出下限。最低检出含量为 0.125mg/$m^3$（0.1ppm）。

(3) 干扰和排除。环境空气中非待测组分，如甲烷，二氧化碳，水蒸气等能影响测定结果。但是采用串联式红外线检测器，可以大部分消除以上非待测组分的干扰。

(4) 重现性。小于 1 %，漂移 4h 小于 4 %。

(5) 准确度。取决于标准气的不确定度（小于 2%）和仪器的稳定性误差（小于 4 %）。

**（二）气相色谱法**

1. 原理

一氧化碳在色谱柱中与空气的其他成分完全分离后，进入转化炉，在 360℃时镍触媒催化作用下，与氢气反应，生成甲烷，用氢火焰离子化检测器测定。

$$CO+3H_2 \xrightarrow[360℃]{\text{Ni 丝催化}} CH_4+H_2O$$

2. 试剂

(1) 碳分子筛。60～80 目 TDX—01 碳分子筛，作为固定相。

(2) 纯空气。不含一氧化碳或氧化碳含量低于检出下限。

(3) 镍触媒。30～40 目，当 CO 小于 180mg/$m^3$，$CO_2$ 小于 0.4%时，转化率大于 95%。

(4) 一氧化碳标准气。一氧化碳含量 12.5～50mg/$m^3$（铝合金钢瓶装）以氮气为本底气。

3. 仪器与设备

(1) 气相色谱仪。配备氢火焰离子化检测器的气相色谱仪。

(2) 转化炉。可控温 360±1℃。

(3) 注射器。2mL，5mL，10mL，100mL，体积误差小于±1mL。

(4) 兼铝箔复合膜采样袋。容积 400～ 600mL。

(5) 色谱柱。长 2m，内径 2mm 不锈钢管内填充 TDX—01 碳分子筛，柱管两端填充玻璃棉。新装的色谱柱在使用前，应在柱温 150℃，检温器温度 180℃，通氢气 60mL/min 条件下，老化处理 10h。

(6) 转化柱。转化柱为长 15cm，内径 4mm 不锈钢管。填充镍触媒（30～40 目），柱管两端塞玻璃棉。转化柱装在转化炉内，一端与色谱柱连通，另一端与检测器相连。使用前，转化柱应在炉温 360℃，通氢气 60mL/min 条件下，活化 10h。转化柱老化与色谱柱老化同步进行。当 CO 小于 180mg/$m^3$ 时，转化率大于 95%。

4. 采样

用橡胶二连球，将现场空气打入采样袋内，使之胀满后放掉。如此反复 4 次，最后一次打满后，密封进样口，并写上标签，注明采样地点和时间等。

5. 分析步骤

（1）色谱分析条件。由于色谱分析条件常因实验条件不同而有差异，所以应根据所用气相色谱仪的型号和性能，制定能分析一氧化碳的最佳的色谱分析条件。

（2）绘制标准曲线和测定校正因子。在作样品分析时的相同条件下，绘制标准曲线或测定校正因子。

1）配制标准气。在 5 支 100mL 注射器中，用纯空气将已知含量的一氧化碳标准气体，稀释成 0.5～50mg/m$^3$ 范围的 4 个含量点的气体。另取纯空气作为零含量气体。

2）绘制标准曲线。每个含量的标准气体，分别通过色谱仪的六通进样阀，量取 1mL 进样，得到各个含量的色谱峰和保留时间。每个含量作 3 次，测量色谱峰高的平均值。以峰高（mm）作纵坐标，含量（mg/m$^3$）为横坐标，绘制标准曲线，并计算回归线的斜率，以斜率倒数 $B_g$ 作样品测定的计算因子。

3）测定校正因子。

用单点校正法求校正因子。取与样品空气中含一氧化碳含量相接近的标准气体。

测量色谱峰的平均峰高和保留时间。用式（3.19）计算校正因子（$f$）

$$f=\frac{h_0}{C_0} \tag{3.19}$$

式中 $f$——校正因子，mm/(mg/m$^3$)；

$C_0$——标准气体含量，mg/m$^3$；

$h_0$——平均峰高，mm。

（3）样品分析。通过色谱仪六通进样阀，进样品空气 1mL，保留时间定性，测量一氧化碳的峰高。每个样品作 3 次分析，求峰高的平均值，并记录分析时的气温和大气压力。高含量样品，应用清洁空气稀释至小于 50mg/m$^3$ 后再分析。

6. 结果计算

（1）用标准曲线法查标准曲线定量，或由式（3.20）计算空气中一氧化碳含量

$$C=hB_g \tag{3.20}$$

式中 $C$——样品空气中一氧化碳含量，mg/m$^3$；

$h$——样品峰高的平均值，mm；

$B_g$——计算因子，mg/(m$^3$·mm)。

（2）用校正因子按式（3.21）计算含量

$$C=hf \tag{3.21}$$

式中 $C$——样品空气中一氧化碳含量，mg/m$^3$；

$h$——样品峰高的平均值，mm；

$f$——校正因子，mg/(m$^3$·mm)。

（3）一氧化碳体积含量（ppm）可按式（3.22）换算成标准状态下的质量含量（mg/m$^3$）

$$C_1=\frac{C_2}{B} \tag{3.22}$$

式中 $C_1$——标准状态下的质量含量，$mg/m^3$；

$C_2$——一氧化碳体积含量，$mg/m^3$；

$B$——标准状态下气体摩尔体积，当 0℃时，101kPa 时，$B$ 为 22.41；当 25℃，101kPa 时，$B$ 为 24.46。

7. 结果分析

（1）测定范围。进样 1mL 时，测定含量范围是 0.50～50.0$mg/m^3$。

（2）检出下限。进样 1mL 时，最低检出含量为 0.50 $mg/m^3$。

（3）干扰和排除。由于采用了气相色谱分离技术，空气、甲烷、二氧化碳及其他有机物均不干扰测定。

（4）重现性。一氧化碳含量在 6 $mg/m^3$ 时，10 次进样分析，变异系数为 2%。

（5）回收率。一氧化碳含量在 3～25 $mg/m^3$ 时，回收率为 94%～104%。

**（三）汞置换法**

1. 原理

经净化后的含一氧化碳的空气样品与氧化汞在 180～200℃下反应，置换出汞蒸气。根据汞吸收波长 2537nm 紫外线的特点，利用光电转换检测出汞蒸气含量，再将其换算成一氧化碳含量。反应式如下

$$CO(气)+HgO(固)\longrightarrow Hg(气)+CO_2(气)$$

2. 试剂

（1）变色硅胶。变色硅胶于 120℃下干燥 2h。

（2）活性碳。20～40 目活性炭颗粒，于 120℃烘干 4h。

（3）5A 分子筛和 13X 分子筛。球状，于 350～400℃下活化 4h。

（4）氧化汞（黄色）。直径为 0.3～0.8mm 的氧化汞颗粒。

黄色氧化汞的制备。称 10g 二氯化汞（$HgCl_2$），在加热下溶于 100mL 水中，再称取 6g 氢氧化钠溶于 100mL 水中。待两液冷却到 30℃后，取 65mL 氢氧化钠溶液，在搅拌下加入到 100mL 二氯化汞溶液中（不要反过来加）。生成氧化汞沉淀放置室温下约 1h，中间搅拌两次，然后用去离子水洗涤至无氯离子为止（用 1%硝酸银溶液检验）。抽滤，将沉淀置于 40℃下干燥，干后在暗处切成直径为 0.3～0.8mm 颗粒，于棕色瓶中密封保存备用。

（5）霍加拉特氧化剂。10～20 目颗粒。

（6）碘活性碳。称 1 份重量碘，2 份重量碘化钾和 20 份重量水配成溶液，然后，加入约 10 份重量活性炭，用力搅拌至溶液脱色后，用布把溶液滤去，取出活性炭，然后在 110℃下烘 1～2h，取出后放于棕色瓶中密封保存备用。

（7）一氧化碳标准气（贮于铝合金钢瓶中）。不确定度小于 2%。含量为 1.25$mg/m^3$，12.5$mg/m^3$，31.3$mg/m^3$ 和 62.5$mg/m^3$（相当于 1ppm，10ppm，25ppm 和 50ppm），或用动态方程配制所需含量的一氧化碳标准气体。

3. 仪器

（1）一氧化碳测定仪如图 3.1，图 3.2 所示。

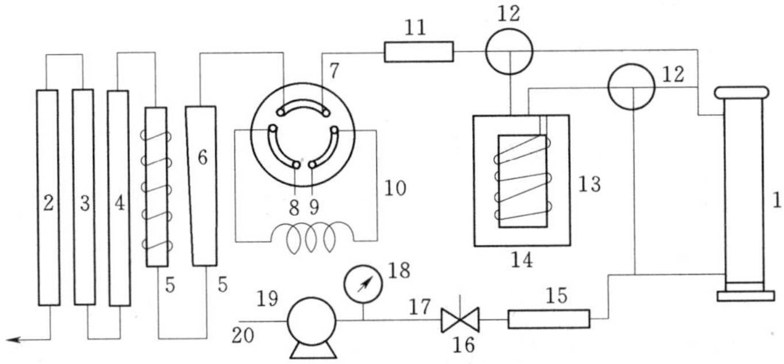


图 3.1 一氧化碳测定仪气路流程

1—进气口；2—分子筛过滤管；3—活性炭过滤管；4—硅胶过滤管；5—霍加拉特氧化管；
6—气体流量计；7—六通阀；8—进样口；9—出样口；10—定量管；11—分子筛管；
12—三通转换阀；13—反应炉；14—氧化汞反应室；15—碘活性炭管；
16—流量调节阀；17—毛细孔；18—真空表；19—真空泵；20—出气口

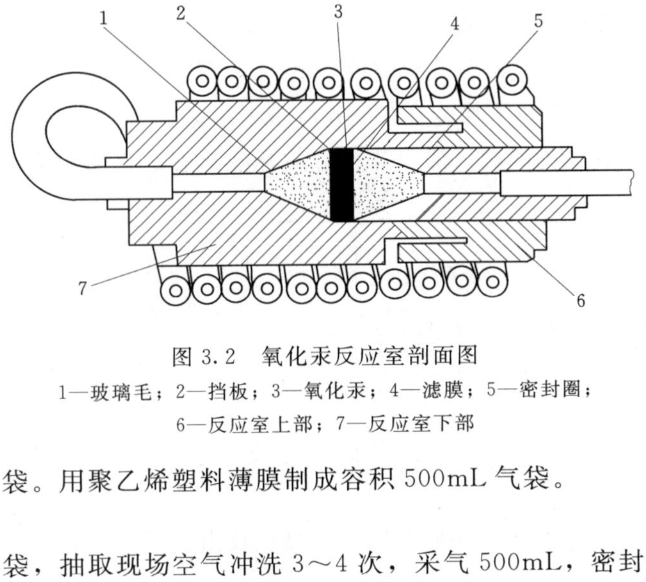


图 3.2 氧化汞反应室剖面图

1—玻璃毛；2—挡板；3—氧化汞；4—滤膜；5—密封圈；
6—反应室上部；7—反应室下部

(2) 取样塑料袋。用聚乙烯塑料薄膜制成容积 500mL 气袋。

4. 采样

用聚乙烯塑料袋，抽取现场空气冲洗 3～4 次，采气 500mL，密封进气口，带回实验室在 24h 内进行测定。

5. 操作步骤

(1) 仪器的安装与检漏。

1) 安装。正确连接气路，电源开关置“关”的位置。

2) 检漏。仪器进气口与空气钢瓶相连接，仪器出气口封死。打开钢瓶阀门开关，调节减压阀使压力为 0.2MPa，此时仪器应无流量指示，30min 内压力下降不得超过 0.02MPa。

(2) 仪器的启动。将仪器进气口与净化系统相连接，出气口与抽气泵相连接。接通电源，打开温度开关，启动抽气泵，调节流量为 1.5L/min。旋动温控粗调钮和温控细调钮，使温度升至 180℃±0.3℃，预热 1～2h，待仪器稳定后进行校准。

(3) 仪器的校准。

1）调零和调满度。接通记录仪电源，将仪器“量程选择”置所需量程档，调“零点调节”电位器，使电表和记录仪指示零点，调“记录满度”电位器，使电表和记录仪指示满度。

2）量程标定。取与所用量程范围相应含量的一氧化碳标准气体，经六通阀定量管进样，标准气体的响应值应落在50%～90%量程范围内，进标准气体3次，测得标准气体响应（峰高或毫伏）平均值。

（4）样品测定。将采集在聚乙烯塑料袋中的现场空气样品，同样经六通阀定量管进样3次，测得空气样品的响应（峰高或毫伏）平均值。

6. 结果计算

（1）空气中一氧化碳含量按式（3.23）计算

$$C=\frac{C_0\times h}{h_0} \tag{3.23}$$

式中 $C$——样品空气中一氧化碳含量，$10^{-6}$；

$C_0$——氧化碳标准气体含量，$10^{-6}$；

$h$——样品气中一氧化碳平均响应值，mm或mV；

$h_0$——氧化碳标准气体平均响应值，mm或mV。

（2）将一氧化碳含量为$C(\times 10^{-6})$，换算成标准状态下含量$C_0$(mg/m$^3$)

$$C_0=\frac{28.01C}{B} \tag{3.24}$$

式中 $B$——标准状态下的气体摩尔体积，当0℃，101kPa时，$B=22.41$；当25℃，101kPa时，$B=24.46$；

28.01——一氧化碳分子量。

7. 结果分析

（1）灵敏度。使用一氧化碳测定仪时，0.05mg/m$^3$ 一氧化碳可产生0.5mV输出电压。

（2）检出下限。进样量为50mL空气时，最低检出含量为0.02 mg/m$^3$。

（3）测量范围。

1）进样量50mL时，测量范围为0.02～1.25mg/m$^3$。

2）进样量10mL时，测量范围为0.02～12.5mg/m$^3$。

3）进样量5mL时，测量范围为0.02～31.3mg/m$^3$。

4）进样量2mL时，测量范围为0.02～62.5mg/m$^3$。

（4）干扰及排除。空气中丙酮、甲醛、乙烯、乙炔、二氧化碳对测定有影响，因此对载气和样品气需经净化系统净化后，再进行测定。水蒸气是影响灵敏度及稳定性的一个重要因素，故对载气和样品气需用分子筛及变色硅胶严格干燥。

（5）精密度。在0.02～30mg/m$^3$ 范围内重复测定相对标准差小于1.5%。

（6）准确度。取决于标准气的不确定度（小于2%）及仪器的稳定性（小于3%），总不确定度为5%。

# 第二节　有机污染物的测定

## 一、甲醛的测定

### （一）室内空气中甲醛的检验方法——酚试剂分光光度法

1. 原理

空气中的甲醛与酚试剂反应生成嗪，嗪在酸性溶液中被高铁离子氧化形成蓝绿色化合物。根据颜色深浅，比色定量。

2. 试剂

所用水均为重蒸馏水或去离子交换水，所用的试剂纯度一般为分析纯。

（1）吸收液原液。称量 0.10g 酚试剂[$C_6H_4SN(CH_3)C:NNH_2 \cdot HCl$，简称 NBTH]，加水溶解，倾于 100mL 具塞量筒中，加水到刻度。放冰箱中保存，可稳定 3d。

（2）吸收液。量取吸收原液 5mL，加 95mL 水，即为吸收液。采样时，临用现配。

（3）1%硫酸铁铵溶液。称量 1.0g 硫酸铁铵[$NH_4Fe(SO_4)_2 \cdot 12H_2O$] 用 0.1mol/L 盐酸溶解，并稀释至 100mL。

（4）碘溶液$\left[C\left(\frac{1}{2}I_2\right)=0.1000mol/L\right]$。称量 30g 碘化钾，溶于 25mL 水中，加入 127g 碘。待碘完全溶解后，用水定容至 1000mL。移入棕色瓶中，暗处贮存。

（5）1mol/L 氢氧化钠溶液。称量 40g 氢氧化钠，溶于水中，并稀释至 1000mL。

（6）0.5mol/L 硫酸溶液。取 28mL 浓硫酸缓慢加入水中，冷却后，稀释至 1000mL。

（7）硫代硫酸钠标准溶液[$C(Na_2S_2O_3)=0.1000mol/L$]。

（8）0.5%淀粉溶液。将 0.5g 可溶性淀粉，用少量水调成糊状后，再加入 100mL 沸水，并煎沸 2～3min 至溶液透明确。冷却后，加入 0.1g 水杨酸或 0.4g 氯化锌保存。

（9）甲醛标准贮备溶液。取 2.8mL 含量为 36%～38%甲醛溶液，放入 1L 容量瓶中，加水稀释至刻度。此溶液 1mL 约相当于 1mg 甲醛。

（10）甲醛标准溶液。临用时，将甲醛标准贮备溶液用水稀释成 1.00mL 含 10μg 甲醛、立即再取此溶液 10.00mL，加入 100mL 容量瓶中，加入 5mL 吸收原液，用水定容至 100mL，此液 1.00mL 含 1.00μg 甲醛，放置 30min 后，用于配制标准色列管。此标准溶液可稳定 24h。

3. 仪器和设备

（1）大型气泡吸收管。出气口内径为 1mm，出气口至管底距离等于或小于 5mm。

（2）恒流采样器。流量范围 0～1L/min。流量稳定可调，恒流误差小于 2%，采样前和采样后应用皂沫流量计校准采样系列流量，误差小于 5%。

（3）具塞比色管。10mL。

（4）分光光度计。在 630nm 测定吸光度。

4. 采样

用一个内装 5mL 吸收液的大型气泡吸收管，以 0.5L/min 流量，采气 10L。并记录采样点的温度和大气压力。采样后样品在室温下应在24h内分析。

5. 分析步骤

(1) 标准曲线的绘制。取10mL具塞比色管，用甲醛标准溶液按表3.5制备标准系列。

**表3.5　　甲醛标准系列**

| 管号 | 1 | 2 | 3 | 4 | 5 | 6 | 7 | 8 | 9 |
|---|---|---|---|---|---|---|---|---|---|
| 标准工作液（mL） | 0 | 1.0 | 0.20 | 0.40 | 0.6 | 0.8 | 1.0 | 1.5 | 2.0 |
| 吸收液（mL） | 5.0 | 4.9 | 4.8 | 4.6 | 4.4 | 4.2 | 4.0 | 3.5 | 3.0 |
| 甲醛含量（μg） | 0 | 0.10 | 0.2 | 0.4 | 0.6 | 0.8 | 1.0 | 1.5 | 2.0 |

各管中，加入0.4mL的1%硫酸铁铵溶液，摇匀。放置15min。用1cm比色皿，以在波长630μm下，以水参比，测定各管溶液的吸光度。以甲醛含量为横坐标，吸光度为纵坐标，绘制曲线，并计算回归斜率，以斜率倒数作为样品测定的计算因子$B_g$（μg/吸光度）。

(2) 样品测定。采样后，将样品溶液全部转入比色管中，用少量吸收液洗吸收管，合并使总体积为5mL。按绘制标准曲线的操作步骤测定吸光度（$A$）。在每批样品测定的同时，用5mL未采样的吸收液作试剂空白，测定试剂空白的吸光度（$A_0$）。

6. 结果计算

空气中甲醛浓度按式（3.25）计算

$$C=\frac{(A-A_0)B_g}{V_0} \tag{3.25}$$

式中 $C$——空气中甲醛，mg/m$^3$；

$A$——样品溶液的吸光度；

$A_0$——空白溶液的吸光度；

$B_g$——用标准溶液制备标准曲线得到的计算因子，μg/吸光度；

$V_0$——换算成标准状态下的采样体积，L。

**（二）室内空气中甲醛的检验方法——气相色谱法**

1. 原理

空气中甲醛在酸性条件下吸附在涂有2,4—二硝基苯担体上，生成稳定的甲醛腙。用二硫化碳洗脱后，经OV—色谱柱分离，用氢焰离子化检测器测定，以保留时间定性，峰高定量。

2. 试剂和材料

本法所用试剂纯度为分析纯，水为二次蒸馏水。

(1) 二硫化碳。需重新蒸馏进行纯化。

(2) 2,4—DNPH溶液。称取0.5mg 2,4—DNPH于250mL容量瓶中，用二氯甲烷稀释到刻度。

(3) 2mol/L盐酸溶液。

(4) 吸附剂。10g 6201担体（60～80目），用40mL的2,4—DNPH二氯甲烷饱和溶

液分两次涂敷，减压，干燥，备用。

（5）甲醛标准溶液。配制和标定方法见酚试剂分光光度法。

3. 仪器及设备

（1）采样管。内径 5mm，长 100mm 玻璃管，内装 150mg 吸附剂，两端用玻璃棉堵塞，用胶帽密封，备用。

（2）空气采样器。流量范围为 0.2～10L/min，流量稳定。采样前和采样后用皂膜计校准采样系统的流量，误差小于 5%。

（3）具塞比色管。量程为 5mL。

（4）微量注射器。10$\mu$L，体积刻度应校正。

（5）气相色谱仪。带氢火焰离子化检测器。

（6）色谱柱。长 2m，内径 3mm 的玻璃柱，内装固定相（0V～1），色谱单体 Shimatew（80～100 目）。

4. 采样

取一支采样管，用前取下胶帽，拿掉一端的玻璃棉，加一滴（约 50$\mu$L）2mol/L 盐酸溶液后，再用玻璃棉堵好。将加入盐酸溶液的一端垂直朝下，另一端与采样进气口相连，以 0.5L/min 的速度，抽气 50L。采样后，用胶帽套好，并记录采样点的温度和大气压力。

5. 分析步骤

（1）气相色谱测试条件。分析时，应根据气相色谱仪的型号和性能，制定能分析甲醛的最佳测试条件。

（2）绘制标准曲线和测定校正因子。在作样品测定的同时，绘制标准曲线或测定校正因子。

（3）样品测定。采样后，将采样管内吸附剂全部移入 5mL 具塞比色管中，加入 1.0mL 二硫化碳，稍加振摇，浸泡 30min。取 5.0$\mu$L 洗脱液，按绘制标准曲线或测定校正因子的操作步骤进样测定。每个样品重复做 3 次，用保留时间确认甲醛的色谱峰，测量其峰高，得峰高的平均值（mm）。

在每批样品测定的同时，取未采样的采样管，按相同操作步骤作试剂空白的测定。

6. 计算结果

（1）用标准曲线法按式（3.26）计算空气中甲醛的浓度

$$C=\frac{(h-h_0)B_sV_0}{V_0E_s} \tag{3.26}$$

式中　$C$——空气中甲醛浓度，mg/m$^3$；

$h$——样品溶液峰高的平均值，mm；

$h_0$——试剂空白溶液峰高的平均值，mm；

$B_s$——用标准溶液制备标准曲线得到的计算因子，$\mu$g/(mL·mm)；

$V_1$——样品洗脱溶液总体积，mL；

$E_s$——由实验确定的平均洗脱效率；

$V_0$——换算成标准状况下的采样体积，L。

(2) 用单点校正法按式 (3.27) 计算空气中甲醛的浓度

$$C=\frac{(h-h_0)fV_1}{VE_s} \tag{3.27}$$

式中 $f$——用单点校正法得到的校正因子，$\mu g/(mL \cdot mm)$；其他符号同式 (3.26)。

7. 结果分析

(1) 检出下限浓度和测定范围。若以 0.2L/min 流量，采气 20L 时，检出下限浓度为 $0.01mg/m^3$；其测定范围为 $0.02 \sim 1mg/m^3$。

(2) 精密度。甲醛浓度为 20μg/mL 和 40μg/mL 的标准溶液，进样 10μL 时，其重复测定的相对标准差分别为 8%和 9%。

(3) 准确度。将甲醛溶液为 20μg/mL、30μg/mL 和 40μg/mL 的标准溶液，各加 10μL 于样品管中，测定其回收率分别为 105%、112%和 98%。

(4) 干扰和排除。使用本法所列举的气相色谱条件，空气中的醛酮类化合物可以分离，二氧化硫及氮氧化物无干扰。

## 二、苯、甲苯、二甲苯的测定——气相色谱法（毛细管气相色谱法）

1. 方法提要

(1) 相关标准和依据。本方法主要依据《居住区大气中苯、甲苯和二甲苯卫生检验标准方法　气相色谱法》(GB/T 11737)。

(2) 原理。空气中苯用活性炭管采集，然后用二硫化碳提取出来。用氢火焰离子化检测器的气相色谱仪分析，以保留时间定性，峰高定量。

(3) 干扰和排除。当空气中水蒸气或水雾量太大，以致在碳管中凝结时，严重影响活性炭的穿透容量和采样效率。空气湿度在 90%以下，活性炭管的采样效率符合要求。空气中的其他污染物干扰，由于采用了气相色谱分离技术，选择合适的色谱分离条件可以消除。

2. 适用范围

(1) 测定范围。采样量为 20L 时，用 1mL 二硫化碳提取，进样 1μL，测定范围为 $0.05 \sim 10mg/m^3$。

(2) 适用场所。本法适用于室内空气和居住区大气中苯浓度的测定。

3. 试剂和材料

(1) 苯。色谱纯。

(2) 二硫化碳。分析纯，需经纯化处理，保证色谱分析无杂峰。

(3) 椰子壳活性炭。20～40 目，用于装活性炭采样管。

(4) 高纯氮。氮的质量分数为 99.999%。

4. 仪器和设备

(1) 活性炭采样管。用长 150mm，内径 3.5～4.0mm，外径 6mm 的玻璃管，装入 100mg 椰子壳活性炭，两端用少量玻璃棉固定。装好管后再用纯氮气于 300～350℃温度条件下吹 5～10min，然后套上塑料帽封紧管的两端。此管放于干燥器中可保存 5d。若将玻璃管熔封，此管可稳定 3 个月。

(2) 空气采样器。流量范围 0.2～1L/min 流量稳定。使用时用皂膜流量计校准采样系统在采样前和采样后的流量。流量误差应小于5%。

(3) 注射器。规格为1mL。体积刻度误差应校正。

(4) 微量注射器。规格为1μL，10μL。体积刻度误差应校正。

(5) 具塞刻度试管。规格为2mL。

(6) 气相色谱仪。附氢火焰离子化检测器。

(7) 色谱柱。0.53mm×30m大口径非极性石英毛细管柱。

5. 采样和样品保存

在采样地点打开活性炭管，两端孔径至少2mm，与空气采样器入气口垂直连接，以0.5L/min的速度，抽取20L空气。采样后，将管的两端套上塑料帽，并记录采样时的温度和大气压力。样品可保存5d。

6. 分析步骤

(1) 色谱分析条件。由于色谱分析条件常因实验条件不同而有差异，所以应根据所用气相色谱仪的型号和性能，制定能分析苯的最佳的色谱分析条件。

(2) 绘制标准曲线和测定计算因子。在与样品分析的相同条件下，绘制标准曲线和测定计算因子。

用标准溶液绘制标准曲线。于5.0mL容量瓶中，先加入少量二硫化碳，用1μL微量注射器准确取一定量的苯（20℃时，1μL苯重0.8787mg）注入容量瓶中，加二硫化碳至刻度，配成一定浓度的储备液。临用前取一定量的储备液用二硫化碳逐级稀释成苯含量分别为2.0μg/mL、5.0μg/mL、10.0μg/mL、50.0μg/mL的标准液。取1μL标准液进样，测量保留时间及峰高。每个浓度重复3次，取峰高的平均值。分别以1μL苯的含量为横坐标（μg），平均峰高为纵坐标（mm），绘制标准曲线。并计算回归线的斜率，以斜率的倒数$B_s$（μg/mm）作为样品测定的计算因子。

(3) 样品分析。将采样管中的活性炭倒入具塞刻度试管中，加1.0mL二硫化碳，塞紧管塞，放置1h，并不时振摇。取1μL进样，用保留时间定性，峰高定量，每个样品作3次分析，求峰高的平均值。同时，取一个未经采样的活性炭管按样品管同时操作，测量空白管的平均峰高。

7. 结果计算

(1) 将采样体积按式（3.28）换算成标准状态下的采样体积

$$V_0 = V\frac{T_0}{T}\frac{P}{P_0} \tag{3.28}$$

式中 $V_0$——换算成标准状态下的采样体积，L；

$V$——采样体积，L；

$T_0$——标准状态的绝对温度，273K；

$T$——采样时采样点现场的温度（$t$）与标准状态的绝对温度之和（$t$+273）K；

$P_0$——标准状态下的大气压力，101.3kPa；

$P$——采样时采样点的大气压力，kPa。

(2) 空气中苯浓度按式（3.29）计算

$$C = \frac{(h - h')B_s}{V_0 E_s} \tag{3.29}$$

式中 $C$——空气中苯或甲苯、二甲苯的浓度，$mg/m^3$；

$h$——样品峰高的平均值，mm；

$h'$——空白管的峰高，mm；

$B_s$——绘制标准曲线得到的计算因子，$\mu g/mm$；

$E_s$——由实验确定的二硫化碳提取的效率；

$V_0$——标准状况下采样体积，L。

8. 方法特性

（1）检测下限。采样量为 20L 时，用 1mL 二硫化碳提取，进样 1$\mu$L，检测下限为 0.05 $mg/m^3$。

（2）线性范围。线性范围不小于 106。

（3）精密度。苯的浓度为 8.78$\mu$g/mL 和 21.9$\mu$g/mL 的液体样品，重复测定的相对标准偏差 7%和 5%。

（4）准确度。对苯含量为 0.5$\mu$g、21.1$\mu$g 和 200$\mu$g 的回收率分别为 95%、94% 和 91%。

## 三、总挥发性有机物的测定——气相色谱法

室内空气中总挥发性有机物（TVOC）的检验方法（热解吸/毛细管气相色谱法）

1. 方法提要

（1）相关标准和依据。

ISO 16017—1—2000 室内、周围环境和工作场所的空气 通过吸附管/热解吸附/毛细气相色谱法作挥发性有机化合物的取样和分析 第 1 部分：抽取取样。

（2）原理。选择合适的吸附剂（Tenax GC 或 Tenax TA），用吸附管采集一定体积的空气样品，空气流中的挥发性有机化合物保留在吸附管中。采样后，将吸附管加热，解吸挥发性有机化合物，待测样品随惰性载气进入毛细管气相色谱仪。保留时间定性，峰高或峰面积定量。

（3）干扰和排除。采样前处理和活化采样管和吸附剂，使干扰减到最小；选择合适的色谱柱和分析条件，本法能将多种挥发性有机物分离，使共存物干扰问题得以解决。

2. 适用范围

（1）测定范围。本法适用于浓度范围为 0.5～100$mg/m^3$ 之间的空气中 TVOC 的测定。

（2）适用场所。本法适用于室内、环境和工作场所空气，也适用于评价小型或大型测试舱室内材料的释放。

3. 试剂和材料

分析过程中使用的试剂应为色谱纯；如果为分析纯，需经纯化处理，保证色谱分析无杂峰。

（1）VOC。为了校正浓度，需用 TVOC 作为基准试剂，配成所需浓度的标准溶液或标准气体，然后采用液体外标法或气体外标法将其定量注入吸附管。

（2）稀释溶剂。液体外标法所用的稀释溶剂应为色谱纯，在色谱流出曲线中应与待测

化合物分离。

(3) 吸附剂。使用的吸附剂粒径为0.18～0.25mm（60～80目），吸附剂在装管前都应在其最高使用温度下，用惰性气流加热活化处理过夜。为了防止二次污染，吸附剂应在清洁空气中冷却至室温，储存和装管。解吸温度应低于活化温度。由制造商装好的吸附管使用前也需活化处理。

(4) 高纯氮。氮的质量分数为99.999%。

4. 仪器和设备

(1) 吸附管。吸附管是外径6.3mm，内径5mm，长90mm（或180mm），内壁抛光的不锈钢管，吸附管的采样入口一端有标记。吸附管可以装填一种或多种吸附剂，应使吸附层处于解吸仪的加热区。根据吸附剂的密度，吸附管中可装填200～1000mg的吸附剂，管的两端用不锈钢网或玻璃纤维毛堵住。如果在一支吸附管中使用多种吸附剂，吸附剂应按吸附能力增加的顺序排列，并用玻璃纤维毛隔开，吸附能力最弱的装填在吸附管的采样入口端。

(2) 注射器。10μL液体注射器，10μL气体注射器，1mL气体注射器。

(3) 采样泵。恒流空气个体采样泵，流量范围0.02～0.5L/min，流量稳定。使用时用皂膜流量计校准采样系统在采样前和采样后的流量。流量误差应小于5%。

(4) 气相色谱仪。配备氢火焰离子化检测器、质谱检测器或其他合适的检测器。色谱柱。色谱柱非极性（极性指数小于10）石英毛细管柱。

(5) 热解吸仪。热解吸仪能对吸附管进行二次热解吸，并将解吸气用惰性气体载带进入气相色谱仪。解吸温度、时间和载气流速是可调的。冷阱可将解吸样品进行浓缩。

(6) 液体外标法制备标准系列的注射装置。常规气相色谱进样口，可以在线使用也可以独立装配，保留进样口载气连线，进样口下端可与吸附管相连。

5. 采样和样品保存

将吸附管与采样泵用塑料或硅橡胶管连接。个体采样时，采样管垂直安装在呼吸带；固定位置采样时，选择合适的采样位置。打开采样泵，调节流量，以保证在适当的时间内获得所需的采样体积（1～10L）。如果总样品量超过1mg，采样体积应相应减少。记录采样开始和结束时的时间、采样流量、温度和大气压力。

采样后将管取下，密封管的两端或将其放入可密封的金属或玻璃管中。样品可保存14d。

6. 分析步骤

(1) 样品的解吸和浓缩。将吸附管安装在热解吸仪上，加热，使有机蒸气从吸附剂上解吸下来，并被载气流带入冷阱，进行预浓缩，载气流的方向与采样时的方向相反。然后再以低流速快速解吸，经传输线进入毛细管气相色谱仪。传输线的温度应足够高，以防止待测成分凝结。解吸条件见表3.6。

(2) 色谱分析条件。可选择膜厚度为1～5μm，50m×0.22mm的石英柱，固定相可以是二甲基硅氧烷，70%的氰基丙烷，70%的苯基，86%的甲基硅氧烷。石英柱操作条件为程序升温，初始温度50℃保持10min，以5℃/min的速率升温至250℃。

(3) 标准曲线的绘制。

表 3.6 样品的解吸附条件

| | |
|---|---|
| 解析温度 | 250～325℃ |
| 解析时间 | 5～15min |
| 解析气流量 | 30～50 mL/min |
| 冷阱的制冷温度 | +20～−180℃ |
| 冷阱的加热温度 | 250～350℃ |
| 冷阱中的吸附剂 | 如果使用，一般与吸附管相同（40～100mg） |
| 载气 | 氦气或者高纯氮气 |
| 分流比 | 根据空气中的浓度来选择 |

1）气体外标法。用泵准确抽取 $100\mu g/m^3$ 的标准气体 100mL、200mL、400mL、1L、2L、4L、10L 通过吸附管，为标准系列。

2）液体外标法。利用标准系列的注射装置分别取 $1\sim5\mu L$ 含液体组分 $100\mu g/mL$ 和 $10\mu g/mL$ 的标准溶液注入吸附管，同时用 100mL/min 的惰性气体通过吸附管，5min 后取下吸附管密封，为标准系列。

用热解吸气相色谱法分析吸附管标准系列，以扣除空白后峰面积为纵坐标，以待测物质量为横坐标，绘制标准曲线。

（4）样品分析。每支样品吸附管按绘制标准曲线的操作步骤（即相同的解吸和浓缩条件及色谱分析条件）进行分析，用保留时间定性，峰面积定量。

7. 结果计算

（1）将采样体积按式（3.30）换算成标准状态下的采样体积

$$V_0=V\frac{T_0}{T}\frac{P}{P_0} \tag{3.30}$$

式中 $V_0$——换算成标准状态下的采样体积，L；

$V$——采样体积，L；

$T_0$——标准状态的绝对温度，273K；

$T$——采样时采样点现场的温度（$t$）与标准状态的绝对温度之和（$t+273$）K；

$P_0$——标准状态下的大气压力，101.3kPa；

$P$——采样时采样点的大气压力，kPa。

（2）TVOC 的计算。

1）应对保留时间在正己烷和正十六烷之间所有化合物进行分析。

2）计算 TVOC，包括色谱图中从正己烷到正十六烷之间的所有化合物。

3）根据单一的校正曲线，对尽可能多的 TVOC 定量，至少应对 10 个最高峰进行定量，最后与 TVOC 一起列出这些化合物的名称和浓度。

4）计算已鉴定和定量的挥发性有机化合物的浓度。

5）用甲苯的响应系数计算未鉴定的挥发性有机化合物的浓度。

6）Sid 与 Sun 之和为 TVOC 浓度或 TVOC 的值。

7）如果检测到的化合物超出了 TVOC 定义的范围，那么这些信息应该添加到 TVOC

值中。

(3) 空气样品中待测组分的浓度按式（3.31）计算

$$C=\frac{1000(F-B)}{V_0} \tag{3.31}$$

式中　$C$——空气样品中待测组分的浓度，$\mu g/m^3$；

$F$——样品管中组分的质量，$\mu g$；

$B$——空白管中组分的质量，$\mu g$；

$V_0$——标准状态下的采样体积，L。

8. 方法特性

(1) 检测下限。采样量为10L时，检测下限为$0.5\mu g/m^3$。

(2) 线性范围。106。

(3) 精密度。根据待测物的不同，在吸附管上加入$10\mu g$的标准溶液，Tenax TA的相对标准差范围为0.4%～2.8%。

(4) 准确度。20℃、相对湿度为50%的条件下，在吸附管上加入$10mg/m^3$的正己烷，Tenax TA、Tenax GR（5次测定的平均值）的总不确定度为8.9%。

## 第三节　氡的测定

氡的测定采用《空气中氡浓度的闪烁瓶测定方法》(GBZ/T 155—2002)。

1. 范围

《空气中氡浓度的闪烁瓶测定方法》（GBZ/T 155—2002）规定了空气中氡($^{222}Rn$)浓度的闪烁瓶测量方法。适用于室内外及地下场所等空气中氡浓度的测量。

2. 术语和定义

(1) 放射性气溶胶。含有放射性核素的固态或液态微粒在空气或其他气体中形成的分散系。

(2) 闪烁瓶。一种氡探测器和采样容器。由不锈钢、铜或有机玻璃等低本底材料制成。外形为圆柱形或钟形，内层涂以ZnS（Ag）粉，上部有密封的通气阀门。

(3) 瞬时采样。在几秒到几十分钟短时间内，采集空气样品的技术。

(4) 氡室。一种用于刻度氡及其短寿命子体探测器的大型标准装置。由氡发生器、温湿度控制仪和氡及其子体监测仪等设备组成。

3. 方法概要

按规定的程序将待测点的空气吸入已抽成真空态的闪烁瓶内。闪烁瓶密封避光3h，待氡及其短寿命子体平衡后测量$^{222}Rn$、$^{218}Po$和$^{214}Po$衰变时放射出的α粒子。它们入射到闪烁瓶的ZnS（Ag）涂层，使ZnS（Ag）发光，经光电倍加管收集并转变成电脉冲，通过脉冲放大、甄别，被定标计数线路记录。在确定时间内脉冲数与所收集空气中氡的浓度是函数相关的，根据刻度源测得的净计数率～氡浓度刻度曲线，可由所测脉冲计数率，得到待测空气中氡浓度。

4. 测量装置

典型的测量装置由探头、高压电源和电子学分析记录单元组成。

(1) 探头由闪烁瓶、光电倍加管和前置单元电路组成。

1) 典型的闪烁瓶简图见图 3-3。

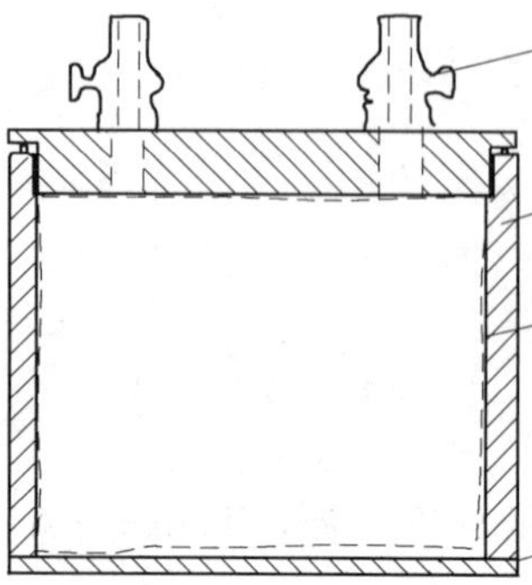


图 3.3 闪烁瓶简图

2) 必须选择低噪声、高放大倍数的光电倍加管，工作电压低于 1000V。

3) 前置单元电路应是深反馈放大器，输出脉冲幅度为 0.1～10V。

4) 探头外壳必须具有良好的光密性，材料用铜或铝制成，内表面应氧化涂黑处理，外壳尺寸应适合闪烁瓶的放置。

(2) 高压电源输出电压应在 0～3000V 范围连续可调，波纹电压不大于 0.1%，电流应不小于 100mA。

(3) 记录和数据处理系统可用定标器和打印机，也可用多道脉冲幅度分析器和 X～Y 绘图仪。

1) 通气阀门应经过真空系统检验。接入系统后，在 $1\times10^3$Pa 的真空度下，经过 12h，真空度无明显变化。

2) 底板用有机玻璃制成。其尺寸与光电倍加管的光阴极一致，接触面平坦，无明显划痕，与光电倍加管的光阴极有良好的光耦合。

3) ZnS (Ag) 粉必须经去钾提纯处理，使其对本底的贡献保持在最低水平。

4) 在整个取样测量期间，闪烁瓶的漏气必须小于采样量的 5%。

5) 测量室外空气中氡浓度时，闪烁瓶容积应大于 $0.5\times10^{-3}m^3$。

5. 刻度

(1) 刻度源。刻度源采用 $^{226}$Ra 标准源（溶液或固体粉末）。

标准源必须经过法定计量部门或其认可的机构检定。标准源应有检验证书，应清楚表明参考日期和准确度。

(2) 刻度装置。刻度装置除采用专门的氡室以外，还常用玻璃刻度系统（简称刻度系统），如图 3.4 所示。

1) 刻度系统应有良好的气密性。系统在 $1\times10^3$Pa 的真空度下，经过 24h，真空度变化小于 $5\times10^2$Pa。

2) 压力计的精度应优于 1%。

3) 流量计采用浮子流量计，精度应优于 3%，量程为 $0\sim2\times10^{-3}m^3/min$。

4) 清洗和充气气体应为无氡气体（如氮气、氢气或放置两个月以上的压缩空气）。

5) 真空泵如采用机械真空泵，必须使刻度系统真空优于 $5\times10^2$Pa。

(3) 刻度曲线。

1) 按规定程序清洗整个刻度系统。密封装有标准镭源溶液的扩散瓶的两端，累积氡

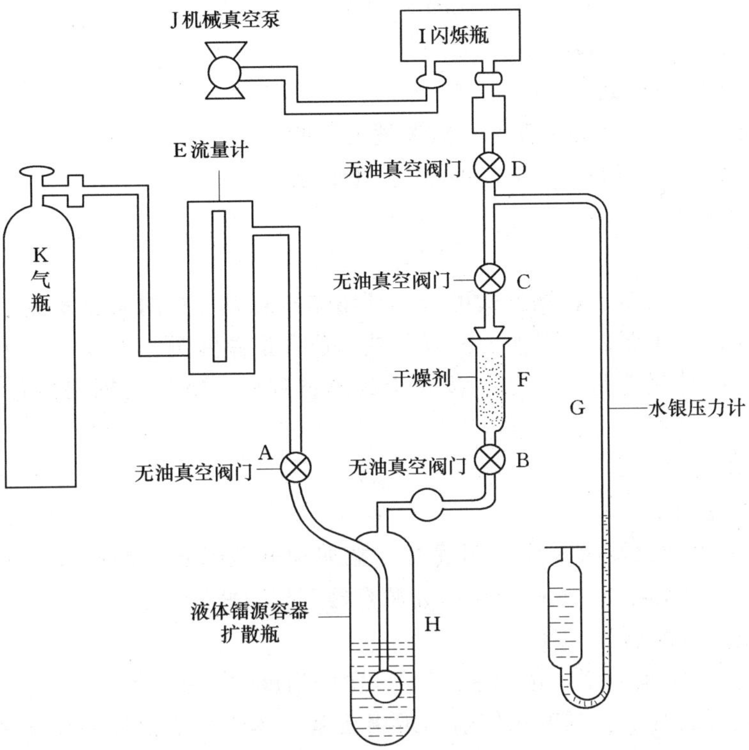


图 3.4　玻璃刻度系统示意图

浓度达到刻度范围内所需刻度点的标准氡浓度值。刻度点要覆盖整个刻度范围，一个区间（量级宽）至少 3 个以上刻度点。

2）必须先把处于真空状态的闪烁瓶与系统相连接。按规定顺序打开各阀门，用无氡气体把扩散瓶内累积的已知浓度的氡气体赶入闪烁瓶内。在确定的测量条件下，避光 3h，进行计数测量。

3）由一组标准氡浓度值及其对应的计数值拟合得到刻度曲线即净计数率～氨浓度关系曲线。并导出其函数相关公式。

4）各种不同类型的闪烁瓶和测量装置必须使用不同的刻度曲线。

6. 测量步骤

（1）在确定的测定条件下，进行本底稳定性测定和本底测量，得出本底分布图和本底值。

（2）将抽成真空的闪烁瓶带至待测点，然后打开阀门（在高温、高尘环境下，须经预处理去湿、去尘），约 10s 后，关闭阀门，带回测量室待测。

（3）将待测闪烁瓶避光保存 3h，在确定的测量条件下进行计数测量。由要求的测量精度选用测量时间。

（4）测量后，必须及时用无氡气体清洗闪烁瓶，保持本底状态。

7. 测量结果

（1）典型装置刻度曲线在双对数坐标纸上是一条直线，表达式为式（3.32）

$$\log Y = a\log X + b \tag{3.32}$$

式中 $Y$——空气中氡的浓度，$Bq \cdot m^{-3}$；

$X$——测定的净计数率，cpm；

$a$——刻度系数，取决于整个测量装置的性能；

$b$——刻度系数，取决于整个测量装置的性能。

由式（3.32）可得

$$Y = e^b X^a \tag{3.33}$$

由净计数率，使用图、表或公式可以得到相应样品空气中的氡浓度值。

（2）结果的误差主要是源误差、刻度误差、取样误差和测量误差。在测量室外空气中氡浓度时，计数统计误差是主要的。按确定的测量程序，报告要列出测量值和计数统计误差。

8. 刻度方法

（1）刻度源的制备。

1）将标准的碳酸钡镭粉末溶于用优级纯盐酸和重蒸馏水配制的 2.7mol/L 的盐酸溶液，得到液态$^{226}Ra$标准源。体积为液体镭源容器（扩散瓶）的三分之一。

2）刻度源的准确度优于 5%。

3）对环境大气中氡浓度，选择液态$^{226}Ra$源的活度约为 0.4Bq、4Bq、40Bq、400Bq。

（2）刻度系统的清洗。刻度充气前，须用无氡气体按规定程序对整个系统进行清洗。清洗时间应大于 20min。

（3）氡的生长、累积。

1）清洗系统后，密封装有标准镭源溶液的扩散瓶两端，按刻度所需的氡浓度，用式（3.34）计算生长时间。

$$C_{Rn} = \frac{Q_{Ra}}{V \times (1 - e0.1813t)} \tag{3.34}$$

式中 $C_{Rn}$——刻度所需$^{222}Rn$浓度，$Bq \cdot m^{-3}$；

$Q_{Ra}$——液态镭标准源的活度，Bq；

$V$——刻度系统的体积，$m^3$；

$t$——生长时间，d；

0.1813——氡的衰变常数。

2）在整个刻度范围，刻度点须均匀分布。一个浓度区间（量级宽度）取 3～5 个刻度点。

（4）闪烁瓶的充气。

1）必须先把处于真空状态的闪烁瓶与系统相连接。按规定程序打开阀门使大部分生成的氡进入闪烁瓶，接通气瓶，用无氡气体将其余氡气赶入闪烁瓶。

2）充气过程确定为 20min，气流控制约为 100 气泡/min。

（5）氡浓度与净计数率关系的建立。按规定测量程序，测量氡浓度～净计数率刻度曲线。上述典型装置的刻度曲线在双对数坐标纸上是一条直线。

由建立的氡浓度～净计数率关系，即可求出空气中的氡浓度。

## 第四节 菌落总数的测定

1. 适用范围

本方法适用于室内空气菌落总数测定。

2. 定义

撞击法是采用撞击式空气微生物采样器采样，通过抽气动力作用，使空气通过狭缝或小孔而产生高速气流，使悬浮在空气中的带菌粒子撞击到营养琼脂平板上，经 37℃、48h 培养后，计算出每立方米空气中所含的细菌菌落数的采样测定方法。

3. 仪器和设备

（1）高压蒸汽灭菌器。

（2）干热灭菌器。

（3）恒温培养箱。

（4）冰箱。

（5）平皿。

（6）制备培养基的一般设备。制备培养基的一般设备包括量筒、三角烧瓶，pH 计或精密 pH 值试纸等。

（7）撞击式空气微生物采样器。采样器的基本要求包括以下 2 个方面。

1）对空气中细菌捕获率达 95%。

2）操作简单，携带方便，性能稳定，便于消毒。

4. 营养琼脂培养基

（1）成分。蛋白胨（20g）；牛肉浸膏（3g）；氯化钠（5g）；琼脂（15～20g）；蒸馏水（1000mL）。

（2）制法。将上述各成分混合，加热溶解，校正 pH 值至 7.4，过滤分装，121℃，20min 高压灭菌。营养琼脂平板的制备参照采样器使用说明。

5. 操作步骤

（1）选点要求。将采样器消毒，按仪器使用说明进行采样。一般情况下采样量为 30～150L，应根据所用仪器性能和室内空气微生物污染程度，酌情增加或减少空气采样量。

（2）样品采完后，将带菌营养琼脂平板置 36℃±1℃恒温箱中，培养 48h，计数菌落数，并根据采样器的流量和采样时间，换算成每立方米空气中的菌落数。以 cfu/$m^3$（每立方米空气中的菌落数）报告结果。

## 第五节 可吸入颗粒物的测定

### 一、撞击式称重法

测定可吸入颗粒物采用撞击式称重法，引自室内空气中可吸入颗粒物卫生标准

(GB/T 17095—1997)

1. 原理

利用二段可吸入颗粒物采样器($D_{50}=10\mu m$,$d_g=1.5$),以13L/min的流量分别将粒径不小于10μm的颗粒采集在冲击板的玻璃纤维纸上,粒径不大于10μm的颗粒采集在预先恒重的玻璃纤维滤纸上,取下再称量其重量,以采样标准体积除以粒径10μm颗粒物的量,即得出可吸入颗粒物的浓度。检测下限为0.05mg。

2. 仪器

(1) 可吸入颗粒物采样器$D_{50}$不大于$10\pm1\mu m$几何标准差$d_g$等于$1.5\pm0.1$。

(2) 天平1/10000或1/100000。

(3) 皂膜流量计。

(4) 秒表。

(5) 玻璃纤维纸。一种是直径50mm;另一种是外周直径53mm,内周直径40mm。

(6) 干燥器。

(7) 镊子。

3. 流量计校准

用皂膜流量计校准采样器的流量计,按图将流量计、皂膜计及抽气汞连接进行校准,记录皂膜计两刻度线间的体积(mL)及通过的时间,体积按式(3.35)换算成标准状况下的体积($V_s$),以流量计的格数对流量作图。

$$V_S=\frac{V_m(P_b-P_v)T_s}{P_sT_m} \tag{3.35}$$

式中 $V_m$——皂膜两刻度线间的体积,mL;

$P_b$——大气压,kPa;

$P_v$——皂膜计内水蒸气压,kPa;

$P_s$——标准状态下压力,kPa;

$T_s$——标准状态下温度,℃;

$T_m$——皂膜计温度,K(273+室温)。

4. 采样

校准过流量的采样器入口取下,旋开采样头,将已恒重过的$\phi$50mm的滤纸按放于冲击环下,同时于冲击环上放置环形滤纸,再将采样头旋紧,装上采样头入口,放于室内有代表性的位置,打开开关旋钮计时,将流量调至13L/min,采样24h,记录室内温度、压力及采样时间,意随时调节流量,使保持13L/min。

5. 分析步骤

取下采完样的滤纸,带回实验室,在与采样前相同的环境下放置24h,称量至恒重(mg),以此重量减去空白滤纸重得出可吸入颗粒的重量$W$(mg)。将滤纸保存好,以备成分分析用。

6. 计算

$$C=\frac{W}{V_0} \tag{3.36}$$

$$采样体积 V_s = 流量(13L/min) \times 时间(min)$$

式中 $C$——可吸入颗粒物浓度，$mg/m^3$；

$W$——颗粒物的重量，mg；

$V_0$——$V_s$ 换算成标准状况下的体积，$m^3$。

7. 注意事项

（1）采样前，必须先将流量计进行校准。采样时准确保持 13L/min 流量。

（2）称量空白及采样的滤纸时，环境及操作步骤必须相同。

（3）采样时必须将采样器部件旋紧，以免样品空气从旁侧进入采样器，造成错误的结果。

8. 关于选择“公共场所可吸入颗粒物监测仪器”的说明

全国卫生标准技术委员会环境卫生标准专业委员会认为：称重法仍为公共场所监测可吸入颗粒物的第一方法。

# 第四章　新装修房屋装饰材料中有害物质的测定

## 第一节　人造板中甲醛的测定

### 一、人造板中甲醛的来源

人造板甲醛释放的原因主要有以下4个方面。

（1）胶黏剂自身含有游离的甲醛，生产人造板时使用的胶黏剂尿醛树脂在一定条件下分离出甲醛。

1）树脂合成时余留未反应的游离甲醛。

2）树脂合成时参与反应生成不稳定基团的甲醛，在热压过程中又会释放出来。

3）树脂合成时吸附在胶体粒子周围已质子化的甲醛分子，在电解质的作用下也会释放出来。

（2）生成人造板使用原料的影响，木材的穿孔值为1～3mg/100g，木材在干燥时会部分分解，生成醋酸与蚁酸，木素中甲氧基断链从而释放出甲醛。

（3）人造板制板工艺的影响。板材芯层甲醛散发潜势较高，原因是芯层为固化“薄弱区”，温度较低，含水率较高，pH值也较低，固化程度差，容易水解而产生甲醛。随着施胶后原料含水率的下降，生产中的和产品中的甲醛释放量下降，产品的其他性能有所降低，不利于热量的传递，反而会使产品中的甲醛释放量增加。随着施胶量的增加，人造板的热压和使用时甲醛释放量直线上升。

随着热压温度的升高，热压时板材甲醛释放量直线增加，合成板中由于增加了胶的交联度，从而激活甲醛释放量（但温度不能超过220℃）；延长热压时间会激活板中甲醛的释放量，但从经济性出发，此法不可取，高热压压力可减少板中甲醛释放量，但板的密度较大。

（4）结构降解释放出甲醛。温度、湿度、酸碱、风化、光照等环境条件使板内未完全固化的树脂发生降解而释放出甲醛。完全固化的树脂也会因外部环境条件的变化而不稳定地释放甲醛。水分和酸性物质（尤其是在较高温度下的水分和化学腐蚀物质）对板材结构的危害更甚，甲醛的释放量会随之增大。

另外，储存温度和温度也有明显的作用，板材在80℃时甲醛释放量比50℃时增加10%，湿度从35%上升至80%，释放量增加50%，人造板中释放甲醛是持久的。

### 二、测定方法

#### （一）穿孔萃取法

1. 原理

穿孔法测定甲醛释放量，基于下面2个步骤。

(1) 穿孔萃取法。把游离甲醛从板材中全部分离出来，它分为 2 个过程。首先将溶剂甲醛与试件共热，通过液—固萃取使甲醛从板材中溶解出来，然后将溶有甲醛的甲苯通过穿孔器与水进行液一液萃取，把甲醛转溶于水中。

(2) 测定甲醛水溶液的含量。

1) 用碘量法测定。在氢氧化钠溶液中，游离甲醛被氧化成甲醛，进一步再生成甲酸钠，过量的碘生成次碘酸钠和碘化钠，在酸性溶液中又还原成碘，用硫代硫酸钠滴定剩余的碘，测得游离甲醛含量。

2) 用光度法测定。在乙酰丙酮和乙酸铵混合溶液中，甲醛与乙酰丙酮反应生成二乙酰基二氢卢剔啶，在波长为 412nm 时，它的吸光度最大。对低甲醛释放量的人造板，应优先采用光度法测定。

2. 仪器与设备

(1) 穿孔萃取仪，包括 4 个部分，见图 4.1。

1) 标准磨口圆底烧瓶，1000mL，用以加热试件与溶剂进行液—固萃取。

2) 萃取管，具有边管（包以石棉绳）与小虹吸管，中间放置穿孔器进行液—液穿孔萃取。

3) 冷凝管，通过一个大小接头与萃取管连接，可促成甲醛—甲苯气体冷却液化与回流。

4) 液封装置是防止甲醛气体逸出的虹吸装置，包括 90°弯头，小直管防虹吸球与三角烧瓶。

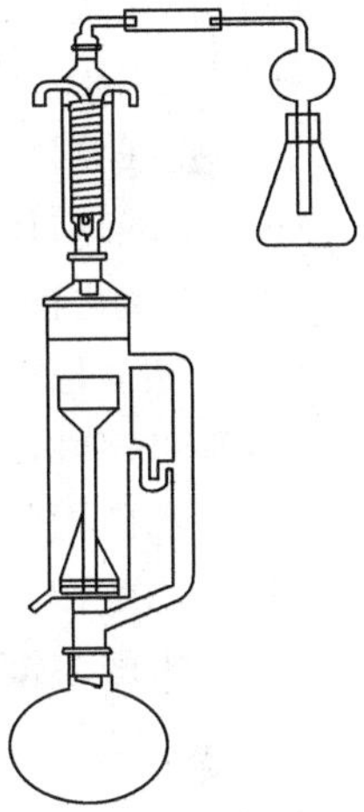

图 4.1　穿孔萃取仪

(2) 套式恒温器，宜于加热 1000mL 圆底烧瓶，功率 300W，可调温度范围 50～200℃。

(3) 天平。

1) 感量 0.01g。

2) 感量 0.0001g。

(4) 水银温度计，0～300℃。

(5) 空气对流干燥箱，恒温灵敏度±1℃，温度范围 40～200℃。

(6) 分光光度计。

(7) 水槽。

(8) 玻璃器皿。

1) 碘价瓶，500mL。

2) 单标线移液管，0.1mL，2.0mL，25mL，50mL，100mL。

3) 棕色酸式滴定管，50mL。

4) 棕色碱式滴定管，50mL。

5) 量筒，10mL，50mL，100mL，250mL，500mL。

6) 干燥器，直径 20～24cm。

7) 表面皿，直径 12～15cm。

8) 白色容量瓶，100mL，1000mL，2000mL。

9）棕色容量瓶，1000mL。

10）带塞三角烧瓶，50mL，100mL。

11）烧杯，100mL，250mL，500mL，1000mL。

12）棕色细口瓶，1000mL。

13）滴瓶，60mL。

14）玻璃研钵，直径10～12cm。

（9）小口塑料瓶，500，1000mL。

3．试剂

（1）甲苯（$C_7H_8$），分析纯。

（2）碘化钾（KI），分析纯。

（3）重铬酸钾（$K_2Cr_2O_7$），优级纯。

（4）硫代硫酸钠（$Na_2S_2O_3 \cdot 5H_2O$），分析纯。

（5）碘化汞（$HgI_2$），分析纯。

（6）无水碳酸钠（$Na_2CO_3$），分析纯。

（7）硫酸（$H_2SO_4$），$\rho$=1.84g/mL，分析纯。

（8）盐酸（HCl），$\rho$=1.19g/mL，分析纯。

（9）氢氧化钠（NaOH），分析纯。

（10）碘（$I_2$），分析纯。

（11）可溶性淀粉，分析纯。

（12）乙酰丙酮（$CH_3COCH_2COCH_3$），优级纯。

（13）乙酸铵（$CH_3COONH_4$），优级纯。

（14）甲醛溶液（$CH_2O$），质量分数35%～40%。

4．试件尺寸

长$L$=20mm；宽$b$=20mm。

5．方法

（1）仪器校验。先将仪器安装，并固定在铁座上。采用套式叠加热烧瓶。将500mL甲苯加入1000mL具有标准磨口的圆底烧瓶，另将100mL甲苯及1000mL蒸馏水加入萃取管内，然后开始蒸馏，调节加热器，使回流速度保持为30mL/min，回流时萃取管中温度不得超过40℃，若温度超过40℃，必须采取降温措施，以保证甲醛在水中的溶解。

（2）溶液配制。

1）硫酸（1∶1体积配比）。量取1体积硫酸（$\rho$=1.84g/mL）在搅拌下缓缓倒入1体积蒸馏水中，搅匀，冷却后放置在细口瓶中。

2）硫酸（1mol/L）。量取约54mL硫酸（$\rho$=1.84g/mL）在搅拌下缓倒入适量蒸馏水中，搅匀，冷却后放置在1L容量瓶中，加蒸馏水稀释至刻度，摇匀。

3）氢氧化钠（1mol/L）。称取40g氢氧化钠溶于600mL新煮沸而后冷却的蒸馏水中，待全部溶解后加蒸馏水至1000mL，储于小口塑料瓶中。

4）淀粉指示剂（0.5%）。称取1g可溶性淀粉，加入10mL蒸馏水，搅拌下注入200mL沸水中，再微沸2min，放置待用（此试剂使用前配制）。

5）硫代硫酸钠［$C(Na_2S_2O_3)=0.1mol/L$］标准溶液。

a. 配制。在感量 0.01g 的天平上称取 26g 硫代硫酸钠放于 500mL 烧杯中，加入新煮沸并已冷却的蒸馏水至完全溶解后，加入 0.05g 碳酸钠（防止分解）及 0.01g 碘化汞（防止发霉），然后再用新煮沸并已冷却的蒸馏水稀释成 1L，盛于棕色细口瓶中，摇匀，静置 8～10d 再进行标定。

b. 标定。称取在 120℃下烘至恒重的重铬酸钾（$K_2Cr_2O_7$）0.10～0.15g，精确至 0.0001g，然后置于 500mL 碘价瓶中，加 25mL 蒸馏水，摇动使之溶解，再加 2g 碘化钾及 5mL 盐酸（$\rho=1.19g/mL$），立即塞上瓶塞，液封瓶口，摇匀于暗处放置 10min，再加蒸馏水 150mL，用待标定的硫代硫酸钠滴定到呈草绿色，加入淀粉指示剂 3mL，继续滴定至突变为亮绿色为止，记下硫代硫酸钠用量 $V$。

硫代硫酸钠标准溶液的含量（mol/L），由式（4.1）计算

$$C(Na_2S_2O_2)=\frac{G}{49.04V} \qquad (4.1)$$

式中 $C(Na_2S_2O_3)$——硫代硫酸钠标准溶液的含量，g/L；

$V$——硫代硫酸钠滴定耗用量，mL；

$G$——重铬酸钾的质量，g；

49.04——重铬酸钾（$\frac{1}{6}K_2Cr_2O_7$）的摩尔质量，g/mol。

6）硫代硫酸钠［$C(Na_2S_2O_3)=0.01mol/L$］标准溶液。

a. 配制。计算配制 0.01mol/L 硫代硫钠标准溶液需用硫代硫酸钠标准溶液（0.1mol/L）的体积（保留小数点后 2 位），然后精确地从滴定管中放出由计算所得的 0.1mol/L 硫代硫酸钠标准溶液体积（精确至 0.01mL）于 1L 容量瓶中，并加水稀释到刻度，摇匀。

b. 标定。由于 0.1mol/L 硫代硫酸钠标准溶液是经标定的并精确稀释的，所以可达到 0.01mol/L 的要求浓度，无须再加标定。

7）碘［$C(\frac{1}{2}I_2)=0.1mol/L$］标准溶液。在感量 0.01g 的天平上称取碘 13g 及碘化钾 30g，同置于洗净的玻璃研钵内，加少量蒸馏水磨至碘完全溶解。也可以将碘化钾溶于少量蒸馏水中，然后在不断搅拌下加入碘，使其完全溶解后转入 1L 的棕色容量瓶中，用蒸馏水稀释到刻度，摇匀，储存于暗处。

8）碘［$C(\frac{1}{2}I_2)=0.01mol/L$］标准溶液。

a. 配制。用移液管吸取 0.1mol/L 碘溶液 100mL 于 1L 棕色容量中，加水稀释到刻度，摇匀，储存于暗处。

b. 标定。此溶液不作预先标定。使用时，借助与试液同时进行空白试验以 0.01mol/L硫代硫酸钠标准溶液标定。

9）乙酰丙酮（$CH_3COCH_2COCH_3$，体积百分数 0.4%）溶液。用移液管吸取 4mL 乙酰丙酮于 1L 棕色容量瓶中，并加馏水稀释至刻度，摇匀，储存于暗处。

10）乙酸铵（$CH_3COONH$，质量百分数 20%）溶液。在感量为 0.01g 的天平上称取

20g 乙酸铵于 500mL 烧杯中，加蒸馏水完全溶解后转至 1L 棕色容量瓶中，稀释至刻度储存于暗处。

（3）试件含水率测定。在测定甲醛释放量的同时必须将余下试件进行含水率测定。在感量 0.01g 的天平上称取 50g 试件 2 份，测定其含水率 $H$。

（4）萃取操作。关上萃取管底部的活塞，加入 1L 蒸馏水，同时加入 100mL，蒸馏水于封装置的三角烧瓶中。倒 600mL 甲苯于圆底烧瓶中，并加入 105～110g 的试件，精确至 0.01g。安装妥当，保证每个接口紧密而不漏气，可涂上凡士林或"活塞油脂"打开冷却水，然后进行加热，使甲苯沸腾开始回流，记下第一滴甲苯冷却下来的准确时间，继续回流 2h。在此期间保持每 5 分钟 30mL 恒定回流速度，这样可以防止液封三角烧瓶中的水虹吸回到萃取管中，同时可以使穿孔器中的甲苯液柱保持一定高度，使冷凝下来的带有甲醛的甲苯从穿孔器的底部穿孔而出溶入水中。因甲苯比重小于 1，浮在水面之上，并通过萃取管的小虹吸管返回到烧瓶中。液—固萃取过程持续 2h。

在整个加热萃取过程中，应有专人看管，以免发生意外事故。

在萃取结束时，移开加热器，让仪器迅速冷却，此时三角瓶中的液封水会通过冷凝管回到萃取管中，起到了洗涤仪器上半部的作用。

萃取管的水面不能超过萃取仪的最高水位线，以免吸收甲醛的水溶液通过小虹吸管进入烧瓶。为了防止上述现象，可将萃取管中吸收液转移一部分至 2000mL 容量瓶，再向锥形瓶加入 200mL 蒸馏水，直到此系统中压力达到平衡。

开启萃取管底部的活塞，将甲醛吸收液全部转至 2000mL 容量瓶中，再加入 2 份 200mL 蒸馏水到三角烧瓶中，并让它虹吸回流到萃取管中。合并转移到 2000mL 容量瓶中。将容量瓶用蒸馏水稀释到刻度，若有少量甲苯混入，可用滴管吸除后再定容、摇匀、待定量。

在萃取过程中若有漏气或停电间断，此项试验须重做。

试验用过的甲苯属易燃品应妥善处理，若有条件可重蒸脱水，回收利用。

（5）甲醛含量的定量操作。

1）碘量法。

a. 从 2000mL 容量瓶中，准确吸取 100mL 萃取液 $V_2$ 于 500mL 碘量瓶中，从滴定管中精确加入 0.01mol/L 碘标准溶液 50mL，立即倒入 1mol/L 氢氧化钠溶液 20mL，加塞摇匀，静置暗处 15min，然后加入 1∶1 硫酸 10mL，以 0.01mol/L 硫代硫酸钠滴定到棕色、褪尽至淡黄色，加 0.5%淀粉指示剂 1mL，继续滴定到溶液变成蓝色为止。记录 0.01mol/L 硫代硫酸钠标准液的用量 $V_1$。与此同时量取 100mL 蒸馏水代替试液于碘价瓶中用同样方法进行空白试验，并记录 0.01mol/L 硫代硫酸钠标准液的用量 $V_0$。每种吸收液须滴定 2 次，平行测定结果所用的 0.01mol/L 硫代硫酸钠标准液的量，相差不得超过 0.25mL，否则需重新吸样滴定。

若板材中甲醛释放量高，则滴定时吸取的萃取样液的用量可以减半，但须加蒸馏水补充到 100mL 进行滴定。

b. 甲醛释放量按式（4.2）计算，精确至 0.1mg

$$E=\frac{\frac{(V_0-V_1)}{1000}C\times15\times1000\times100}{\frac{100M_0}{100+H}\ \frac{V_2}{2000}}$$

$$=\frac{(V_0-V_1)C(100+H)\times3\times10^4}{M_0V_2} \tag{4.2}$$

式中 $E$——100g 试件释放甲醛毫克数，mg/100g；

$H$——试件含水率，%；

$M_0$——用于萃取试验的试件质量，g；

$V_2$——滴定时取用甲醛萃取液的体积，mL；

$V_1$——滴定萃取液所用的硫代硫酸钠标准溶液的体积，mL；

$V_0$——滴定空白液所用的硫代硫酸钠标准溶液的体积，mL；

$C$——硫代硫酸钠标准溶液的含量，mol/L；

15——甲醛$\left(\frac{1}{2}CH_2O\right)$摩尔质量，g/mol。

2）光度法。

a. 标准曲线。标准曲线是根据甲醛溶液绘制的，其含量用碘量法测定标准曲线至少每周检查一次。

b. 甲醛溶液标定。把大约 2.5g 甲醛溶液（含量 35%～40%）移至 1000mL 容量瓶中，并用蒸馏水稀释至刻度。甲醛溶液含量按下述方法标定。量取 20mL 甲醛溶液与 25mL 碘标准溶液（0.1mol/L）、10mL 氢氧化钠标准溶液（1mol/L）于 100mL 带塞三角烧瓶中混合。静置暗处 15min 后，把 1mol/L 硫酸溶液 15mL 加入到混合液中。多余的碘用 0.1mol/L 硫代硫酸钠溶液滴定，滴定接近终点时，加入几滴 0.5%淀粉指示剂，继续滴定到溶液变为无色为止。同时用 20mL 蒸馏水作平行试验。甲醛溶液含量按式（4.3）计算

$$C_1(HCHO)=\frac{(V_0-V)\times15\times C_2\times1000}{20} \tag{4.3}$$

式中 $C_1$——甲醛含量，mg/L；

$V_0$——滴定空白液所用的硫代硫酸钠标准溶液的体积，mL；

$V$——滴定甲醛溶液所用的硫代硫酸钠标准溶液的体积，mL；

$C_2$——硫代硫酸钠溶液的含量，mol/L；

15——甲醛$\left(\frac{1}{2}CH_2O\right)$摩尔质量，g/mol。

注 1mL 0.1mol/L 硫代硫酸钠相当于 1mL 0.1mol/L 的碘溶液和 1.5mg 的甲醛。

c. 甲醛校定溶液。按已确定的甲醛溶液含量，计算含有甲醛 15mg 的甲醛溶液体积。用移液管移取该体积数到 1000mL 容量瓶中，并用蒸馏水稀释到刻度，则 1mL 校定溶液中含有 15μg 甲醛。

d. 标准曲线的绘制。

(a) 把 0mL，5mL，10mL，20mL，50mL 和 100mL 的甲醛校定溶液分别移加到 100mL 容量瓶中，并用蒸馏水稀释到刻度。然后分别取出 10mL 溶液，进行光度测量分

析。根据甲醛含量（0～0.015mg/mL之间）吸光情况绘制标准曲线。斜率由标准曲线计算确定，保留4位有效数字。

(b) 量取10mL乙酰丙酮（体积分数0.4%）和10mL乙酸铵溶液（质量分数20%）于50mL带塞三角烧瓶中，再准确吸取10mL萃取液到该烧瓶中。塞上瓶塞，摇匀，再放到（40±2)℃的恒温水浴锅中加热15min，然后把这种黄绿色的溶液静置暗处，冷却至室温（18～28℃，约1h)。在分光光度计上412nm处，以蒸馏水作为对比溶液，调零。用厚度为0.5cm的比色皿测定萃取溶液的吸光度$A_0$，同时用蒸馏水代替萃取液作空白试验，确定空白值$A_h$。

(c) 甲醛释放量按式（4.4）计算，精确至0.1mg

$$E=\frac{(A_0-A_b)f(100+H)}{M_0}V \tag{4.4}$$

式中 $E$——每100g试件释放甲醛毫克数，mg/100g；

$A_0$——萃取液的吸光度；

$A_b$——蒸馏水的吸光度；

$f$——标准曲线的斜率，mg/mL；

$H$——试件含水率，%；

$M_0$——用于萃取试验的试件质量，g；

$V$——容量瓶体积，2000mL。

(6) 一张板的甲醛释放量是同一张板内二个试件甲醛释放量的算术平均值，精确至0.1mg。

**（二）干燥器法**

1. 原理

利用干燥器法测定甲醛释放量基于下面2个步骤。①收集甲醛——在干燥器底部放置盛有蒸馏水的结晶皿，其上方固定的金属支架上放置试样，释放出的甲醛被蒸馏水吸收，为试样溶液。②测定甲醛浓度——用分光光度计测定试样溶液的吸光度，由预先绘制的标准曲线求得甲醛的含量。

2. 仪器

(1) 金属支架。

(2) 水槽。

(3) 分光光度计。

(4) 天平。

1) 感量0.01g。

2) 感量0.0001g。

(5) 玻璃器皿。

1) 碘价瓶。500mL。

2) 单标线移液管。0.1mL，2.0mL，25mL，50mL，100mL。

3) 棕色酸式滴定管。50mL。

4) 棕色碱式滴定管。50mL。

5）量筒。10mL，50mL，100mL，250mL，500mL。

6）干燥器。直径 240mm，容积为 9L、11L。

7）表面皿。直径为 12～15cm。

8）白色容量瓶。100mL，1000mL，2000mL。

9）棕色容量瓶。1000mL。

10）带塞三角烧瓶。50mL，100mL。

11）烧杯。100mL，250mL，500mL，1000mL。

12）棕色细口瓶。1000mL。

13）滴瓶。60mL。

14）玻璃研钵。直径 10～12cm。

15）结晶皿。直径 120mm，高度 60mm。

(6）细口塑料瓶，500mL，1000mL。

3. 试剂

(1）碘化钾（KI），分析纯。

(2）重铬酸钾（$K_2Cr_2O_7$），优级纯。

(3）硫代硫酸钠（$Na_2S_2O_3 \cdot 5H_2O$），分析纯。

(4）碘化汞（$Hgl_2$），分析纯。

(5）无水碳酸钠（$Na_2CO_3$），分析纯。

(6）硫酸（$H_2SO_4$），$\rho$=1.84g/mL，分析纯。

(7）盐酸（HCl），$\rho$=1.19g/mL，分析纯。

(8）氢氧化钠（NaOH），分析纯。

(9）碘（$I_2$），分析纯。

(10）可溶性淀粉，分析纯。

(11）乙酰丙酮（$CH_3COCH_2COCH_3$），优级纯。

(12）乙酸铵（$CH_3COONH_4$），优级纯。

(13）甲醛溶液（$CH_2O$），体积分数 35%～40%。

4. 试件尺寸

长 $Z$=150mm±2mm；宽 $b$=50mm±1mm。

5. 溶液配制

(1）硫酸溶液（1mol/L）。配制方法见穿孔萃取法中。

(2）氢氧化钠溶液（0.1mol/L）。配制方法见穿孔萃取法中。

(3）淀粉溶液（1%）。配制方法见穿孔萃取法中。

(4）硫代硫酸钠标准溶液（0.1mol/L）。配制方法见穿孔萃取法。

(5）碘标准溶液（0.05mol/L）。配制方法见穿孔萃取法中。

(6）乙酰丙酮溶液（体积分数 0.4%）。配制方法见穿孔萃取法。

(7）乙酸铵溶液（质量分数 20%）。配制方法见穿孔萃取法中。

6. 方法

(1）甲醛的收集。在直径为 240mm（容积 9～11L）的干燥器底部放置直径为

120mm、高度为 60mm 的结晶皿，在结晶皿内加入 300mL 蒸馏水。在干燥器上部放置金属支架。金属支架上固定试件，试件之间互不接触。测定装置在（20±2)℃下放置 24h，蒸馏水吸收从试件释放出的甲醛，此溶液作为待测液。

（2）甲醛含量的定量方法。量取 10mL 乙酰丙酮（体积百分比 0.4%）和 10mL 乙酸铵溶液（质量百分含量 20%）于 50mL 带塞三角烧瓶中。再从结晶皿中移取 10mL 待测液到该烧瓶中。塞上瓶塞，摇匀，再放到（40±2)℃的水槽中加热 15min 然后把这种黄绿色的溶液静置暗处，冷却至室温（18～28℃，约 1h)。在分光光度计上 412nm 处，以蒸馏水作为对比溶液，调零。用厚度为 0.5cm 的比色皿测定萃取溶液的吸光度 $A_0$，同时用蒸馏水代替萃取液作空白试验，确定空白值 $A_b$。

（3）标准曲线绘制。绘制标准曲线同穿孔萃取法中。

7. 结果表示

（1）甲醛溶液的含量按式（4.5）计算，精确至 0.1mg/mL

$$C=f(A_0-A_b) \tag{4.5}$$

式中 $C$——甲醛含量，mg/mL；

$f$——标准曲线斜率，mg/mL；

$A_0$——待测液的吸光度；

$A_b$——蒸馏水的吸光度。

（2）一张板的甲醛释放量是同一张板内 2 个试件甲醛释放量的算术平均值，精确至 0.1mg/mL。

**（三）气候箱法**

1. 原理

将 1m$^2$ 表面积的样品放入温度、相对湿度、空气流速和空气置换率控制在一定值的气候箱内。甲醛从样品中释放出来，与箱内空气混合，定期抽取箱内空气，将抽出的空气通过盛有蒸馏水的吸收瓶，空气中的甲醛全部溶入水中；测定吸收液中的甲醛量及抽取的空气体积，计算出每立方米空气中的甲醛量，单位为 mg/m$^3$，抽气是周期性的，直到气候箱内的空气中甲醛浓度达到稳定状态为止。

2. 设备

（1）气候箱。容积为 1m$^3$，箱体内表面应为惰性材料，不会吸附甲醛。箱内应有空气循环系统以维持箱内空气充分混合及试样表面的空气速度为 0.1～0.3m/s。箱体上应有调节空气流量的空气入口和空气出口装置。

空气置换率维持在（1.0±0.05）h$^{-1}$，要保证箱体的密封性。进入箱内的空气甲醛含量在 0.006mg/m$^3$ 以下。

（2）温度和相对湿度调节系统。应能保持箱内温度为（23±0.5)℃，相对湿度为(45±3)%。

（3）空气抽样系统。空气抽样系统包括抽样管、2 个 100mL 的吸收瓶、硅胶干燥器、气体抽样泵、气体流量计、气体计量表。

3. 试剂、溶液配制、仪器

试剂、溶液配制及仪器均见干燥器法中。

4. 试样

试样表面积为 $1m^2$（双面计。长＝1000mm±2mm，宽＝500mm±2mm，1 块；或长＝500mm±2mm，宽＝500mm±2mm，2 块），有带榫舌的突出部分应去掉，四边用不含甲醛的铝胶带密封。

5. 试验程序

在试验全过程中，气候箱内保持下列条件。

(1) 温度。(23±0.5)℃。

(2) 相对湿度。(45±3)%。

(3) 承载率。(1.0±0.02) $m^2/m^3$。

(4) 空气置换率。(1.0±0.05) $h^{-1}$。

(5) 试样表面空气流速。(0.1±0.3) m/s。

试样在气候箱的中心垂直放置，表面与空气流动方向平行。气候箱检测持续时间至少为 10d，第 7d 开始测定。甲醛释放量的测定每天 1 次，直至达到稳定状态。当测试次数超过 4 次，最后 2 次测定结果的差异小于 5%时，即认为已达到稳定状态。最后 2 次测定结果的平均值即为最终测定值。如果在 28d 内仍未达到稳定状态，则用第 28d 的测定值作为稳定状态时的甲醛释放量测定值。

空气取样和分析时，先将空气抽样系统与气候箱的空气出口相连接。2 个吸收瓶中各加入 25mL 蒸馏水，开动抽气泵，抽气速度控制在 2L/min 左右，每次至少抽取 100L 空气。每瓶吸收液各取 10mL 移至 50mL，容量瓶中，再加入 10mL 乙酰丙酮溶液和 10mL 乙酸铵溶液，将容量瓶放至 40℃的水浴中加热 15min，然后将溶液静置暗处冷却至室温（约 lh）。在分光光度计的 412nm 处测定吸光度。与此同时，要用 10mL 蒸馏水和 10mL 乙酰丙酮溶液、10mL 乙酸铵溶液平行测定空白值。吸收液的吸光度测定值与空白吸光度测定值之差乘以校正曲线的斜率，再乘以吸收液的体积，即为每个吸收瓶中的甲醛量。2 个吸收瓶的甲醛量相加，即得甲醛的总量。甲醛总量除以抽取空气的体积，即得每立方米空气中的甲醛浓度值，单位为 $mg/m^3$。由于空气计量表显示的是检测室温度下抽取的空气体积，而并非气候箱内 23℃时的空气体积。因此，空气样品的体积应通过气体方程式校正到标准温度 23℃时的体积。

分光光度计用校准曲线和校准曲线斜率的确定，按穿孔萃取法中的要求进行。

6. 检验分类

本法检验项目为型式检验。

7. 抽样

按试验方法规定的样品数量在同一地点、同一类别、同一规格的人造板及其制品中随机抽取 3 份，并立即用不会释放或吸附甲醛的包装材料将样品密封后待测。在生产企业抽取样品时，必须在生产企业成品库内标识合格的产品中抽取样品。在经销企业抽取样品时，必须在经销现场或经销企业的成品库内标识合格的产品抽取样品。在施工或使用现场抽取样品时，必须在同一地点的同一种产品内随机抽取。

8. 判定规则与复验规则

在随机抽取的 3 份样品中，任取 1 份样品按本标准的规定检测甲醛释放量，如测定结果达到本标准的规定要求，则判定为合格。如测定结果不符合本标准的规定要求，则对另外 2 份样品再行测定。如 2 份样品均达到本标准的规定要求，则判定为合格；如 2 份样品中只有 1 份样品达到规定要求或 2 份样品均不符合规定要求，则判定为不合格。

9. 检验报告

（1）检验报告的内容应包括产品名称、规格、类别、等级、生产期、检验依据标准。

（2）检验结果和结论及样品含水率。

（3）检验过程中出现的异常情况和其他有必要说明的问题。

另外需标明人造板及其制品的产品名称、产品标准编号、商标、生产企业名称、详细地址、产品原产地、产品规格、型号、等级、甲醛释放量限量标识。

## 第二节 油漆、涂料中挥发性有机化合物的测定

油漆广泛用于居室装修、家具生产等。普通油漆中含有大量的挥发性有机化合物（简称 VOC），其中的甲醛、苯系物（苯、甲苯、二甲苯等）、氨、氡等对人体危害极大，有些还有致癌作用，对生物体遗传物质造成的损害还可能通过遗传积累下来，产生后续影响，所以新装修的房屋必须经过检测达标后才适合居住。

### 一、涂料产品的取样

本法适用于色漆、清漆和有关产品的取样。目的是得到适当数的代表性样品。对不适用于本法的产品应按产品说明或供需双方商定的方法进行取样。本法参考下列 ISO 标准制定。

（1）《色漆和清漆试样的检查和制备》（ISO 1513—2010）。

（2）《色漆和清漆用原材料取样》（ISO 15528—2000）。

1. 产品类型

（1）A 型。单一均匀液相的流体，如清漆和稀释剂。

（2）B 型。两个液相组成的流体，如乳液。

（3）C 型。一个或两个液相与一个或多个固相一起组成的流体，如漆和乳胶漆。

（4）D 型。黏稠状，由一个或多个固相带有少量液相所组成，如腻厚浆涂料和用油或清漆调制的颜料色浆，也包括黏稠的树脂状物。

（5）E 型。粉末状，如粉末涂料。

2. 盛样容器和取样器械

（1）盛样容器。应采用下列适当大小的洁净的广口容器。

1）内部不涂漆的金属罐。

2）棕色或透明的可密封玻璃瓶。

3）纸袋或塑料袋。

（2）取样器械。

1）取样器械应分别具有下述 2 种功效。

a. 能使产品尽可能混合均匀。

b. 取出确有代表性的样品。

2）材质与设计。取样器械应使用不和样品发生化学反应的材料制成，并应便于使用和清洗（应无深凹的沟槽、尖锐的内角，难于清洗和难于检查其清洁程度的部位）。

3）种类。

a. 搅拌器。

（a）不锈钢或木制搅棒。

（b）机械搅拌器。

b. 取样器。

（a）QYG—Ⅰ型取样管。

（b）QYG—Ⅱ型取样管。

（c）QYG—Ⅲ型取样管。

（d）QYG—Ⅳ型取样管。

（e）QYQ—Ⅰ型贮槽取样器。

效果类似的取样器也可采用。

3. 取样数目

产品交货时，应记录产品的桶数，按随机取样方法，对同一生产厂生产的相同包装的产品进行取样，取样数应不低于$\frac{\sqrt{n}}{2}$（$n$ 是交货产品的桶数）。取样数建议采用表 4.1 中的数字。

**表 4.1　　取　样　数　目**

| 交货产品的桶数 | 取　样　数 | 交货产品的桶数 | 取　样　数 |
|---|---|---|---|
| 2～10 | 2 | 71～90 | 7 |
| 11～20 | 3 | 91～125 | 8 |
| 21～35 | 4 | 126～160 | 9 |
| 36～50 | 5 | 161～200 | 10 |
| 51～70 | 6 | | |

**注**　此后每增加 50 桶取样数增加 1。

4. 待取样产品的初检程序

（1）桶的外观检查。记录桶的外观缺陷或可见的损漏，如损漏严重，应予舍弃。

（2）桶的开启。除去桶外包装及污物，小心地打开桶盖，不要搅动桶内产品。

（3）对 A、B 类流体状产品的初检程序。

1）目测检查。

a. 结皮。记录表面是否结皮及结皮的程度，如：软、硬、厚、薄，如有结皮，则沿容器内壁分离除去，记录除去结皮的难易。

b. 稠度。记录产品是否有触变或胶凝现象。

色漆和清漆的触变性和胶凝两者都呈胶冻状，但是触变性样品的稠度通过搅拌或摇动会明显降低，而胶凝的色漆和清漆经搅拌后稠度不能降低。

c. 分层、杂质及沉淀物。检查样品的分层情况，有无可见杂质和沉淀物，并予记录。

2）混合均匀。充分搅拌，使产品达到均匀一致。

（4）对C、D类流体状产品及黏稠产品的初检程序。

1）目测检查。

a. 结皮。记录表面是否结皮及结皮的程度，如：硬、软、厚、薄，如有皮，则沿容器内壁分离除去，记录除去结皮的难易。

b. 稠度。记录产品是否假稠、触变或胶凝。

c. 分层、沉淀及外来异物。检查样品有无分层、外来异物和沉淀，并予记录。沉淀层为：

（a）软。

（b）硬。

（c）干硬。用调漆刀切割结块时，使内部容易碎裂。

2）混合均匀。

a. 胶凝或有干硬沉淀不能均匀混合的产品，则不能用来试验。

b. 为减少溶剂损失，操作应尽快进行。

c. 除去结皮。如结皮已分散不能除尽，应过筛除去结皮。

d. 有沉淀的产品。有沉淀的产品，可采用搅拌器械使样品充分混匀。有硬沉淀的产品也可使用搅拌器。在无搅拌器或沉淀无法搅拌的情况下，可将桶内流动介质倒入一个干净的容器里。用刮铲从容器底部铲起沉淀，研碎后，再把流动介质分几次倒回原先的桶中，充分混合。如按此法操作仍不能混合均匀时，则说明沉淀已干硬，不能用来试验。

（5）对E类粉末状产品初检程序。检查是否有反常的颜色、大或硬的结块和外来异物等不正常现象，并予记录。

（6）初检报告。报告应包括如下内容。

1）标志所列的各项内容。

2）外观。

3）结皮及除去的方式。

4）沉淀情况和混合或再混合程序。

5）其他。

5. 取样

（1）贮槽或槽车的取样。对A、B、C、D类产品，搅拌均匀后，选择适宜的取样器，从容器上部（距液面1/10处）、中部（距液面5/10处）、下部（距液面9/10处）3个不同水平部位取相同量的样品，进行再混合。搅拌均匀后，取2份各为0.2～0.4L的样品分别装入样品容器中，样品容器应留有约5%的空隙，盖严，并将样品容器外部擦洗干净，立即作好标志。

（2）生产线取样。应以适当的时间间隔，从放料口取相同量的样品进行再混合。搅拌均匀后，取2份各为0.2～0.4L的样品分别装入样品容器中，样品容器应留有约5%的空隙，盖严，并将样品容器外部擦洗干净，立即作好标志。

（3）桶（罐和袋等）的取样。按本标准规定的取样数，选择适宜的取样器，从已初检过的桶内不同部位取相同量的样品，混合均匀后，取 2 份样品，各为 0.2～0.4L 分别装入样品容器中，样品容器应留有约 5%的空隙，盖严，并将样品容器外部擦洗干净，立即作好标志。

(4) 粉末产品的取样。按本标准规定的取样数，选择适宜的取样器，取出相同量的样品，用四分法取出试验所需最低量的 4 倍。分别装于 2 个样品容器内，盖严，立即作好标志。

6. 样品的标志和密封

(1) 标志。

1) 标志应贴在样品容器的颈部或本体上，应贴牢，并能耐潮湿。

2) 标志应包括如下内容。

a. 制造厂名。

b. 样品的名称、品种和型号。

c. 批号、贮槽号、桶号等。

d. 生产日期和取样日期。

e. 交货产品的总数。

f. 取样地点和取样者。

(2) 密封。样品容器应予密封。

7. 样品的贮存和使用

样品应按生产厂规定条件贮存和使用。样品取出后，应尽快检查。

8. 安全注意事项

(1) 取样者必须熟悉被取产品的特性和安全操作的有关知识及处理方法。

(2) 取样者必须遵守安全操作规定，必要时应采用防护装置。

### 二、溶剂型涂料中挥发性有机化合物（VOC）的测定

1. 涂料中挥发物质量分数的测定

将样品搅拌均匀后在 (105±2)℃条件下，保持 3h。按《色漆和清漆　挥发物和不挥发物的测定》(GB/T 6751—1986) 所规定的方法测定涂料中挥发物质量分数 $V$。

2. 涂料密度的测定

将样品搅拌均匀后，在试验温度为 (23±2)℃情况下，按《色漆和清漆　密度的测定》(GB/T 6750—1986) 中所规定的方法，测定涂料密度。

3. 有机化合物（VOC）的计算

挥发性有机化合物含量按式 (4.6) 计算

$$C_{VOC}=V\times\rho\times10^3 \tag{4.6}$$

式中　$C_{VOC}$——涂料中挥发性有机化合物含量，g/L；

$V$——涂料中挥发物质量分数；

$\rho$——涂料在 (23±2)℃时的密度，g/mL。

## 第三节　壁纸中有害物质的测定

壁纸具有防毒、隔音、防潮、透气、无毒的特点，花色图案多，产品档次高，装饰功

能好，施工简单，价格适中，已成为家居装饰中广泛采用的一种墙面铺贴材料。目前国内市场上出现的壁纸基本上是以纸为基材，为了提高其使用性能，在加工过程中加入了能够改善其功能的助剂，有的则在纸基上涂以聚氯乙烯等涂料进行二次加工，因此壁纸中的有害物质成为一个不容忽视的问题。壁纸中有害物质的测定采用《室内装饰装修材料壁纸中有害物质限量》(GB 18585—2001)。

1. 范围

《室内装饰装修材料壁纸中有害物质限量》(GB 18585—2001) 规定了壁纸中的重金属（或其他）元素、氯乙烯单体及甲醛 3 种有害物质的限量、试验方法和检验规则。主要适用于以纸为基材的壁纸。

2. 规范性引用文件

(1)《聚氯乙烯树脂中残留氯乙烯单体含量测定方法》(GB/T 4615—1984)。

(2)《纸张的包装和标志》(GB/T 10342—2002)。

(3)《纸浆、纸和纸板试样处理与试验的标准大气条件》(GB/T 10739—2002)。

3. 术语和定义

下列术语和定义适用于本标准。

壁纸。主要以纸为基材，通过胶黏剂贴于墙面或天花板上的装饰材料，不包括墙毡及其他类似的墙挂。

4. 要求

壁纸中的有害物质限量值应符合表 4.2 规定。

表 4.2 壁纸中的有害物质限量值

| 有害物质 | | 限量值(mg/kg) |
|---|---|---|
| 重金属或者其他元素 | 钡 | ≤1000 |
| | 镉 | ≤25 |
| | 铬 | ≤60 |
| | 铅 | ≤90 |
| | 砷 | ≤8 |
| | 汞 | ≤20 |
| | 硒 | ≤165 |
| | 锑 | ≤20 |
| 聚乙烯单体 | | ≤1.0 |
| 甲醛 | | ≤120 |

5. 试样的采取、制备和预处理

(1) 以同一品种、同一配方、同一工艺的壁纸为一批，每批量不多于 $5000m^2$。

(2) 以批为单位进行随机抽样，每批至少抽取 5 卷壁纸，并保持非聚氯乙烯塑料薄膜的密封包装，放于阴暗处待检。

(3) 距壁纸端部 1m 以外，每隔 1m 切取 1m 长、全幅宽的样品若干张。

(4) 在样品上均匀切取 (30±1) mm 宽，(50±1) mm 长的试样若干，试样的宽度方向应与卷筒壁纸的纵向相一致。从所有样品上切取至少 150 个长方形试样。

（5）通过目测法选取 70 个涂层最多或者颜色最深的长方形试样，按纸浆、纸和纸板试样处理与试验的标准大气条件（GB/T 10739）进行试样处理。处理后，其中的 50 个试样用于测定甲醛含量；另 20 个试样分为 2 组，每组各 10 个，分别切成约 6mm×6mm 的正方形，一组用于测定重金属（或其他）元素，另一组用于测定氯乙烯单体的含量。

6. 试验方法

（1）重金属（或其他）元素含量的测定。

1）原理。在规定的条件下，将试样中的可溶性有害元素萃取出来，测定萃取液中重金属（或其他）元素的含量。

2）试剂。在分析中如没有特别注明，只使用分析纯的试剂和蒸馏水或去（脱）离子水。

a. 盐酸（HCl）溶液。（0.07±0.005）mol/L。

b. 盐酸（HCl）溶液。（2±0.1）mol/L。

3）仪器。

a. 常用的实验室设备和玻璃器皿。

b. pH 计，精确到±0.2pH 值。

c. 磁力搅拌器，转速（1000±10）r/min。

d. 烘箱，能够保持温度为（37±2）℃。

e. 带 0.45μm 的微孔膜。

f. 原子吸收分光光度计。

g. ICP 感藕等离子体原子发射光谱计。

4）实验步骤。

a. 萃取方法。精确称为 1g（准确至 0.0001g）小正方形试样放入容积为 100mL 的玻璃容器中，然后加入（50±0.1）mL 的 0.07mol/L 盐酸，摇荡 1min，测定溶液的 pH 值。

如果 pH>1.5，边摇荡边逐滴加入 2mol/L 盐酸，直至 pH 值在 1.0～1.5 之间。

把容器放在磁力搅拌器上，一并放入（37±2）℃的烘箱中，并在此温度下搅拌（60±2）min，然后取走搅拌器。再在（37±2）℃的烘箱中静置（60±2）min，立即用带 0.45μm 的微孔膜过滤溶液。收集滤液，留待测定重金属（或其他）元素的含量。

b. 可以采用下列两种方法进行测定，仲裁时按原子吸收分光光度法进行。

a）原子吸收分光光度法。

b）ICP 感藕等离子体原子发射分光光度法。

5）结果计算。

按式（4.7）计算出每种重金属（或其他）元素在试样中的含量，以 mg/kg 表示

$$R=\frac{c}{50m} \tag{4.7}$$

式中　$R$——被测试样的重金属（或其他）元素的含量，mg/kg；

$c$——重金属（或其他）元素在萃取液中的浓度，mg/L；

$m$——试样的质量，g。

测试结果需经式（4.8）修正后作为分析结果报出，并修约至小数点后第3位。

$$R_1=R(1-T) \tag{4.8}$$

式中 $R_1$——修正后被测试样的重金属（或其他）元素的含量，mg/kg；

$R$——被测试样的重金属（或其他）元素的含量，mg/kg；

$T$——修正因子，见表4.3。

**表4.3 修正因子**

| 元素 | 锑 | 砷 | 钡 | 镉 | 铬 | 铅 | 汞 | 硒 |
|---|---|---|---|---|---|---|---|---|
| 修正因子 $T$ | 0.6 | 0.6 | 0.3 | 0.3 | 0.3 | 0.3 | 0.5 | 0.6 |

例如：测得铅的结果是120mg/kg，相应的修正因子 $T$ 是0.3，修正后的分析结果是

$$R_1=120(1-0.3)=120\times0.7=84(\text{mg/kg})$$

（2）氯乙烯单体含量的测定。氯乙烯单体含量的测定应按《聚氯乙烯树脂中残留乙烯单体含量测定方法》（GB/T 4615—1984）的规定进行。

（3）甲醛含量的测定。

1）原理。将试样悬挂于装有40℃蒸馏水的密封容器中，经过24h被吸收，测定蒸馏水的甲醛含量。在24h内，被水吸收的甲醛用乙酰丙酮为试剂的空白溶液作参照，进行光度测定。

2）试剂。在分析中如没有特别注明，只使用分析纯的试剂和蒸馏水或去（脱）离子水。

a. 乙酰丙酮（$CH_3$—CO—$CH_2$—CO—$CH_3$），优级纯。

b. 醋酸胺（$CH_3COONH_2$），优级纯。

c. 甲醛溶液（$CH_2O$），350～400g/L。

d. 乙酰丙酮（$CH_3$—CO—$CH_2$—CO—$CH_3$）溶液（体积分数为0.4%）的制备。将4mL乙酰丙酮放至容量瓶中，用水稀释至1000mL，贮存在密封的气密容器内，并置于暗处。注：在这种条件下溶液可稳定保持4周。

e. 醋酸胺（$CH_3COONH_2$）溶液（200g/L）的制备。在容量瓶中用水溶解200g醋酸胺，加水稀释到1000mL。

3）标准溶液。

a. 碘（$I_2$）溶液，0.05mol/L。

b. 硫代硫酸钠溶液（$Na_2S_2O_3$），0.1mol/L。

c. 氢氧化钠（NaOH）溶液，1mol/L。

d. 硫酸（$H_2SO_4$）溶液，1mol/L。

以上标准溶液在使用前应进行标定。

e. 淀粉溶液，质量分数为1%。

4）甲醛标准溶液。

a. 甲醛标准溶液A。1mL甲醛溶液置于容量瓶中，用水稀释至1000mL，并按以下步骤进行标定。

吸取20mL稀释后的甲醛溶液A，与25mL碘溶液和10mL氢氧化钠溶液混合，在暗

处保存 15min，再加入 15mL 硫酸溶液。用硫代硫酸钠溶液反滴定过量的碘，接近滴定终点时，加几滴淀粉溶液作为指示剂。用 20mL 水作空白平行试验，并按式（4.9）计算甲醛溶液 A 的浓度

$$1000C=\frac{(V_0-V)C'\times 1000}{20\times 15} \tag{4.9}$$

式中　$C$——甲醛溶液 A 的浓度，mg/L；

$V$——试样耗用硫代硫酸钠溶液的体积，mL；

$V_0$——空白样耗用硫代硫酸钠溶液的体积，mL；

$C'$——硫代硫酸钠溶液的浓度，mol/L。

b. 甲醛溶液 B。按照标准溶液 A 的浓度，计算出含 15mg 甲醛所需标准溶液 A 的体积。用微量滴定管量取此体积的甲醛标准溶液 A 至容量瓶中，加水稀释到 1000mL。1mL 这样的溶液含 15μg 甲醛溶液。

5）校准溶液。按照表 4.4 规定，在 6 个盛有甲醛标准溶液 B 的 100mL 容量瓶中加入不同的水进行稀释，制成甲醛系列校准溶液，使甲醛含量范围为 0～15μg/mL 不等。

**表 4.4　　甲醛系列校准溶液**

| 加入标准溶液 B 的体积（mL） | 加入水的体积（mL） | 甲醛含量（μg/mL） |
|---|---|---|
| 0 | 100 | 0 |
| 20 | 80 | 3 |
| 40 | 60 | 6 |
| 60 | 40 | 9 |
| 80 | 20 | 12 |
| 100 | 0 | 15 |

6）装置。

a. 常规实验室装置。

b. 容量瓶。50mL、100mL 及 1000mL。

c. 滴定管和微量滴定管。

d. 移液管。

e. 烘箱。

f. 水浴锅。可以保持（40±2)℃的温度。

g. 分光光度计。能够测出波长为 410～415nm 时的吸光度。

h. 带盖的聚乙烯或玻璃广口瓶。容量为 1000mL，瓶盖下应装有一个吊钩。

7）试验步骤。

a. 将 50 张长方形试样悬挂在 1000mL 广口瓶盖的吊钩上，使试样的装饰涂面分别相对，保持试样不接触广口瓶壁和液面，并称重。如果试样太厚，吊钩上挂不下 50 张试样，应最大限度地往上挂，并统计张数和称重。

b. 用 50mL 的移液管将 50mL 水加入 1000mL 的广口瓶中。拧紧瓶盖密封，并将广口瓶移入（40±2)℃的烘箱中保持 24h。

c. 24h 后，将试样从广口瓶中移出，打开瓶盖并取出试样。

d. 用移液管从广口瓶中吸取 10mL 吸收水，放入 1 个 50mL 的容量瓶中。再用移液管分别吸取 10mL 各种甲醛校准溶液，分别放入各个 50mL 的容量瓶中。

e. 在每一容量瓶中分别加入 10mL 乙酰丙酮溶液和 10mL 醋酸胺溶液，盖紧瓶盖并摇晃。

f. 将各个容量瓶放在（40±2)℃的水浴中加热 15min 后，从水浴中移出并放至暗处，在室温下冷却 1h。

g. 参照水的空白试验，用分光光度计测量在 410～415nm 波长时容量瓶中溶液的最大吸光度；或参照水的空白试验，用光程长为 10mm 的石英样品池测量波长 500～510nm 时容量瓶中溶液的荧光值。

h. 按试验的相同步骤做一个平行空白试验。

i. 绘制与甲醛校准溶液浓度相对应的吸光度或荧光值的曲线图。并根据吸光度或荧光值从曲线图上读取样品释放出的甲醛浓度。

8）结果计算。用曲线图上读取的样品的甲醛浓度值减去平行空白试验中甲醛的浓度值，即为光谱测量结果。

按下式计算试样在 24h 内释放出的甲醛量，以 mg/kg 表示，修约至整数

$$G=\frac{50C}{m} \tag{4.10}$$

式中 $G$——从壁纸中释放出的甲醛量，mg/kg；

$C$——经空白试验校正的光谱测量结果，μg/mL；

$m$——挂在吊钩上的试样质量，g。

7. 检验结果的判定

若所有检验结果均达到《室内装饰装修材料壁纸中有害物质限量》（GB 18585—2001）的规定，则判定该批产品为合格产品。若有一项检验结果未达到该标准规定，应从原批中随机抽取 2 倍样品进行全项复验。若复验结果均达到该标准规定，则判该批产品为合格产品；若复验结果仍未达到该标准规定，则判定该批产品为不合格产品。

## 第四节 混凝土外加剂中氨气释放量的测定

混凝土外加剂是指在拌制混凝土过程中渗入，用以改善混凝土性能的物质。含有尿素和氨水的混凝土防冻剂是一类常用的混凝土外加剂。这类含有大量氨类物质的外加剂。在墙体中随着温度、湿度等环境因素的变化而还原成氨气从墙体中缓慢释放出来，造成室内空气中氨的浓度大量增加，特别是夏季气温较高，氨从墙体中释放速度较快，造成室内空气氨浓度严重超标。随着外加剂在住宅和公共建筑物工程的广泛使用，外加剂中一些对人体有害的组分逐渐释放出来，加之现代公共建筑物的密闭化，造成室内空气污染问题日益突出。

### 一、原理

混凝土外加剂试样样品在碱性溶液中蒸馏出氨，用过量硫酸标准溶液吸收，以甲基

红—亚甲基蓝混合指示剂为指示剂，用氢氧化钠标准溶液滴定过量硫酸，根据滴定结果，计算试样释放出的氨量。

## 二、仪器和设备

（1）分析天平。感量 0.001g。

（2）玻璃蒸馏器。500mL。

（3）烧杯。300mL。

（4）量筒。量程为 250mL。

（5）移液管。量程为 20mL。

（6）碱性滴定管。量程为 50mL。

（7）电炉。功率为 1000W。

## 三、试剂和材料

本方法所涉及的水为蒸馏水或同等纯度的水，为分析纯化学试剂。

（1）盐酸。（1+1）溶液。

（2）硫酸标准溶液。$C\left(\frac{1}{2}H_2SO_4\right)=0.1mol/L$。

（3）氢氧化钠溶液。$C(NaOH)=0.1mol/L$。

（4）甲基红—亚甲基蓝混合指示剂。将 50mL 甲基红溶液（2g/L）和 50mL 亚甲基蓝溶液（1g/L）混合。

（5）广泛 pH 值试纸。

（6）氢氧化钠。

## 四、取样和样品处理

（1）取样和留样。在同一编号外加剂中随机抽取 1kg 样品混合均匀，分成 2 份，1 份密封 3 个月；1 份作为试样样品。

（2）试样的处理。固体样品需在干燥器中放置 24h 后测定，液体试样可直接称量。将试样搅拌均匀，分别称取两份各约 5g 试料，精确至 0.001g，放入 2 个 300mL 烧杯中，加水溶解。如试料中有不溶物，采用步骤 2）处理。

1）可水溶的试样。往盛有试样的 300mL 烧杯中加入水，移入 500mL 玻璃蒸馏器中，控制总体积 200mL，备蒸馏。

2）含有可能保留有氨水的不溶物的试样。在盛有试样的 300mL 烧杯中加入 20mL 水和 10mL 盐酸溶液，搅拌均匀，放置 20min 后过滤，收集滤液至 500mL 玻璃蒸馏器中，控制总体积 200mL，备蒸馏。

## 五、分析步骤

*1. 样品蒸馏*

在备蒸馏的溶液中加入数粒氢氧化钠，用广泛 pH 值试纸试验，调整溶液 pH＞12，加入几粒防暴玻璃珠。准确移取 20mL 硫酸标准溶液于 200mL 量筒中，加入 3～4 滴混合指示剂，将蒸馏器出液口玻璃管插入量筒底部的硫酸溶液中。检查蒸馏器连接无误，并确保密封后，加热蒸馏。收集蒸馏液达 180mL，停止加热。卸下蒸馏瓶，用水冲洗冷凝管，并将洗涤液收集在量筒中。

2. 样品滴定

将量筒中的溶液移入 300mL 烧杯中，洗涤量筒，将洗涤液并入烧杯中。用氢氧化钠标准溶液回滴过量的硫酸标准溶液，直到指示剂由亮紫色变为灰绿色。记录消耗氢氧化钠标准溶液的体积为 $V_2$。

3. 空白滴定

在测定的同时，按同样的分析步骤、试剂和用量，不加试样进行空白滴定，记录空白滴定消耗氢氧化钠标准溶液体积 $V_1$。

$$X_{氨}=\frac{(V_2-V_1)C\times 0.01703}{m}\times 100 \quad (4.11)$$

式中 $X_{氨}$——混凝土外加剂中释放氨的量，%；

$C$——氢氧化钠标准溶液的浓度，mol/L；

$V_2$——滴定样品消耗的氢氧化钠的体积，mL；

$V_1$——空白试验消耗氢氧化钠的体积，mL；

$m$——样品的质量，g。

取 2 次平行测定结果的算术平均值为测定结果，2 次平行测定结果的绝对差值大于 0.01%时，需重新测定。

# 参 考 文 献


[1] 王英健．室内环境检测．北京：中国劳动社会保障出版社．2010.

[2] 姚运先．室内环境监测．北京：化学工业出版社．2002.

[3] 王喜元．民用建筑工程室内环境污染控制规范辅导教材．北京：中国计划出版社．2006.

[4] 《中华人民共和国环境保护法》．北京：法律出版社．2008.

[5] 《中华人民共和国标准化法》．北京：中国民主法制出版社．2008.

[6] GB/T 15481—2000 检测和校准实验室能力的通用要求．北京：中国标准出版社．2001.

[7] GB/T 18883—2002 室内空气质量标准．北京：中国标准出版社．2003.

[8] GB 50325—2001 民用建筑工程室内环境污染控制规范．北京：中国计划出版社．2006.

[9] GB 18580—2001 室内装饰装修材料 人造板及其制品中甲醛释放限量．北京：中国标准出版社．2002.

[10] GB 18581—2001 室内装饰装修材料 溶剂型木器涂料中有害物质限量．北京：中国标准出版社．2002.

[11] GB 18582—2001 室内装饰装修材料 内墙涂料中有害物质限量．北京：中国标准出版社．2002.

[12] GB 18583—2001 室内装饰装修材料 胶粘剂中有害物质限量．北京：中国标准出版社．2002.

[13] GB 18584—2001 室内装饰装修材料 木家具中有害物质限量．北京：中国标准出版社．2002.

[14] GB 18585—2001 室内装饰装修材料 壁纸中有害物质限量．北京：中国标准出版社．2002.

[15] GB 18586—2001 室内装饰装修材料 聚氯乙烯卷材地板中有害物质限量．北京：中国标准出版社．2002.

[16] GB 18587—2001 室内装饰装修材料 地毯、地毯衬垫及地毯胶粘剂有害物质释放限量．北京：中国标准出版社．2004.